DANA THIMEL

# Curving®

Der Hundesport
mit Präzision

Grundlagen und
Trainingsaufbau

Schritt für Schritt zum
erfolgreichen Parcours

KOSMOS

# ☞ *Inhalt*

## EXKLUSIVE VIDEOS ZUM BUCH

Dich hat das Curving-Fieber gepackt? Damit du auf dem Platz alle im Buch genannten Parcours zur Hand hast, findest du sie kostenlos in dieser App. Zudem bekommst du 10 passende Bonus-Videos als Anregung.

**So einfach geht´s:**

1. **QR-Code scannen** oder Link eingeben https://doguniversity.de/buch-curving-parcours
2. **Erhalte Zugriff** auf deinen persönlichen Mitgliederbereich
3. Schau dir ganz bequem deine **Bonus-Inhalte** im Web oder in der mobilen App an

Viel Spaß beim Curven mit deinem Hund!

# ZU DIESEM BUCH

Weltweit haben sich zahlreiche Menschen für ein Leben mit Hund entschieden. Vor vielen Jahren noch haben Hunde wertvolle Funktionen gehabt und waren vor allem eines: nützlich. Heutzutage ist ihre Funktion nicht weniger wertvoll, die Anforderungen haben sich für den Hund jedoch sehr verändert. Er ist zu einem vollwertigen Familienmitglied geworden und wird dementsprechend behandelt und umsorgt. Körperlich anstrengende Aufgaben gibt es für unsere Hunde nur noch selten, dafür sind sie umso mehr psychisch gefordert mit der Erwartung, sich optimal an unsere gesellschaftlichen Herausforderungen anzupassen.

## ANPASSUNGSFÄHIG

Zum Glück sind unsere Hunde unwahrscheinlich anpassungsfähig, sie leben in kleinen Wohnungen im zehnten Stock oder ganzjährig draußen auf dem Hof. Sie gehen mit uns einkaufen oder auf große Wanderung, begleiten uns ins Büro oder warten zu Hause stundenlang geduldig auf unsere Heimkehr. Hunde leisten Erstaunliches, um sich an unsere Lebensumstände anzupassen.

## BEZIEHUNG & KOMMUNIKATION

Doch eines sollte immer fester Bestandteil unseres Miteinanders sein: eine gute Beziehung. Damals wie heute ist diese die Basis dafür, dass das Zusammenleben harmonisch und für beide Seiten bereichernd funktioniert. Und obwohl die Hunde früher anders behandelt wurden als heute, hat sich die Bedeutung einer guten Beziehung nie verändert. Ob Schäfer oder Jäger, sie alle mussten sich auf eine optimale Zusammenarbeit mit ihren Hunden verlassen. Die Voraussetzung dafür war eine reibungslose Kommunikationsebene, denn wer sich nicht versteht, kann nicht gut und präzise zusammenarbeiten. Missverständnisse führten zu Fehlern, die damals schwere Folgen haben konnten. Diese Klarheit in der Kommunikation, im Führen und Anleiten, im Strafen und Loben, in Nähe und Distanz hat unter anderem dazu geführt, dass die Menschen innige Beziehungen zu ihren Tieren aufgebaut haben. Sie waren ein wichtiger Bestandteil des alltäglichen Lebens und Überlebens, und somit war es dem Menschen ausgesprochen wichtig, seinen Hund zu verstehen und sich ihm gegenüber verständlich auszudrücken.

## VERÄNDERTE ANSPRÜCHE

Mit der zunehmenden Arbeitslosigkeit unserer Hunde hat sich dieser Anspruch verändert. Die Nutzung der Leistungsfähigkeit unserer Hunde ist nahezu verschwunden, gleichzeitig ist die emotionale Bindung erheblich gewachsen. Hunde sind gleichwertige Familienmitglieder geworden, werden umsorgt und innig geliebt – und leider dennoch häufig nicht verstanden. Dieser Entwicklung möchte ich mit diesem Buch und

*Gemeinsam Spaß zu haben und Herausforderungen zu meistern, wirkt sich positiv auf die Beziehung aus.*

einem ganzheitlichen Blick auf den Hundesport, entgegenwirken. Denn die gemeinsame Arbeit mit dem Hund in einem gesunden Maße, mit Augenmerk auf die Bedürfnisse beider Teammitglieder, kann sehr viel Klarheit bringen. Klarheit in der gemeinsamen Kommunikation und darin, zu erkennen, was mein Hund wirklich braucht.

## ANGEMESSENE BESCHÄFTIGUNG

Dass eine angemessene Beschäftigung für einen ausgeglichenen Hund die Basis ist, hat sich bei den meisten Menschen bereits gedanklich durchgesetzt. Somit ist auch das Beschäftigungsangebot rasant gewachsen und für jeden Hundetyp ist etwas dabei. Ob Nasenarbeit, Apportieren, Trickdog, Curving oder Bikejöring – richtig in den Alltag integriert, stärkt das gemeinsame Arbeiten mit dem Hund die Beziehung, macht beiden Freude und mindestens einen müde! In der Realität läuft es leider nicht immer so optimal.

## WAS MANCHMAL NICHT KLAPPT

Bei vielen Mensch-Hund-Teams kann man beobachten, dass Erziehung und Sport strikt getrennt werden. Manchmal kennt der Hund auch gar keine Erziehung und wird nur im Sinne der Dressur gearbeitet. Dabei fahren viele Hunde in ihrem Erregungsniveau so hoch, dass sie in ein Dauergebell verfallen, ihren Besitzer für Fehler maßregeln oder man deutlich sehen kann, dass es vor allem um eines geht: die eigene Triebbefriedigung.

Umgekehrt sieht man Besitzer, die, von zu viel Ehrgeiz angetrieben, ihren Hund in einem Sport arbeiten, der dem Hund gar keine Freude bereitet, und seine Lebensqualität leidet unter der großen Erwartungshaltung. In beiden Fällen ist der Sport eher ein voneinander unabhängiges als ein gemeinsames Erlebnis, in dem entweder der Hund als Sportgerät oder der Mensch als Mittel zur Triebbefriedigung gesehen wird. Das andere Extrem findet man bei Hundebesitzern, die den Sport als zu weit entfernt von dem ursprünglichen hündischen Verhalten einordnen und daher einen großen Bogen um jede Art der Dressur machen, obwohl ihr Hund womöglich große Freude daran hätte. Immer wieder habe ich mir über genau dieses Dilemma Gedanken gemacht und bin stets zu ein und derselben Frage gekommen: Weshalb nicht beides miteinander so vereinen, dass Erziehung und Dressur sich in ihren Stärken und Schwächen ergänzen können?

*Curven kann man an vielen verschiedenen Orten, so auch im Urlaub, beispielsweise am Strand.*

## SPORT, DER BEIDEN SPASS MACHT

Zum einen sollte immer eine Sportart ausgewählt werden, die beiden Beteiligten Freude bereitet, und im gleichen Sinne wird auch das entsprechende Niveau angepasst. Nicht jeder Hund muss Turniere laufen oder einen Sport täglich ausüben, aber man kann, wenn es allen Beteiligten Spaß macht. Dabei ist Spaß nicht gleichzusetzen mit Sucht – von der man durchaus bei vielen Hunden sprechen kann. Damit der Sport für den Hund gesund und weitestgehend stressfrei bleibt, sollte er daher in einem angemessenen Erregungsniveau ausgeübt werden. Und das bedeutet, gerade bei sehr gut zu motivierenden Rassen eher die Arbeit an der Bremse als am Gaspedal. Eher ruhigere, konzentrierte Übungen als immer höher, schneller, weiter.

Aus diesem Grund schreibe ich über beides – über den Sport Curving und über den darin enthaltenen Erziehungsanteil. Über das Aushalten von Frustration, das Belohnen über soziale und materielle Mechanismen, über Ehrgeiz und Freude im Sport. Und darüber, dass man nicht trennen sollte, was zusammengehört: Erziehung und Dressur als ein Ganzes.

Es wäre für unsere Hunde eine große Bereicherung, wenn beide Bereiche sinnvoll miteinander kombiniert würden, auch wenn es für uns Menschen in vielen Fällen mehr Arbeit bedeutet. In diesem Buch soll es um die Symbiose aus beidem gehen. Darum, gemeinsam Spaß zu haben, sich als Team zu sehen, mit Hunden Akitivitäten auszuüben, die ihre Lebensqualität erhöhen, ohne über das Ziel hinauszuschießen.

Nicht selten beobachtet man erfolgreiche Hunde im Sport, die gleichzeitig im Alltag massive Probleme aufweisen. Die Königsdisziplin ist es, alles zu verbinden: ein ausgeglichener und anpassungsfähiger Begleiter im Alltag, ein freudiger und motivierter Hund im Sport und ein gut kontrollierbarer Vierbeiner in beiden Bereichen.

# EINLEITUNG

Curving ist eine schnelle, flexible und alltagstaugliche Sportart für Mensch und Hund. Sie lässt sich – in ihrer einfachsten Form – mit wenig Aufwand aufbauen und auch in einen gewöhnlichen Waldspaziergang integrieren. Curving begeistert vor allem Hunde mit einem hohen Bewegungsdrang, was nicht bedeutet, dass gemütlichere Vierbeiner nicht auch ihre Freude an dieser Sportart haben. Während der Arbeit im Parcours werden zum Teil große Strecken mit hoher Geschwindigkeit zurückgelegt, wobei der Hund gleichzeitig auf feine körpersprachliche Nuancen seines Besitzers achtet. Curving vereint somit alle Vorteile körperlicher und geistiger Auslastung des Vierbeiners, ohne dabei den Aspekt des kontrollierten Arbeitens außer Acht zu lassen.

## DAS CURVINGFELD

Der Besitzer arbeitet seinen Hund aus der Mitte des Curvingfeldes heraus in unterschiedlichen Figuren um vier verschiedene Stangen herum. Diese vier Stangen bilden das sogenannte innere Rechteck. Das äußere Rechteck besteht aus verschiedenen Hundesportgeräten. Durch den mehrschichtigen Aufbau müssen Hund und Halter sehr fein und differenziert miteinander kommunizieren, sodass sowohl im Nah- als auch im Fernbereich ein gezieltes Führen des Hundes möglich ist. Zudem hindert der eingeschränkte Bewegungsfreiraum den Besitzer daran, seinem Hund zu starke Hilfen zu geben. Er fungiert als leitende Person von innen, während der Hund die Hilfen aktiv nach außen umsetzt. Aufgrund der großen Bandbreite der Schwierigkeitsgrade ist Curving sowohl die ideale Sportart für zwischendurch als auch im Turnierbereich.
In Spanien am Strand bei untergehender Sonne, in Österreich auf der Bergwiese mit atemberaubendem Panorama, im Garten zu Hause oder im Park nebenan. Um Curvingstangen, Bäume, Büsche, Laternen oder andere Personen. Curven kann man mit ein wenig Kreativität überall, und genau das macht diese Sportart so abwechslungsreich.

## KLEINSCHRITTIGER AUFBAU

Dieses Buch begleitet einen vom ersten Umrunden bis zum Curvingturnier und bezieht dabei die Beziehung zwischen Hund und Halter ebenso mit ein wie die darauf aufbauende Erziehung und die zum Curven notwendige Dressur. Alles greift ineinander und bildet zusammen eine stabile Einheit.
In kleinen Schritten werden Figuren und Übergänge erlernt, bis das Team immer anspruchsvollere Parcours läuft. Dabei verfolgt das Buch im Aufbau der Sportart einen roten Faden und beruft sich immer wieder auf das Regelwerk als Fundament. Um den Sport international zugänglich zu machen, werden alle wichtigen Begriffe in englischer Sprache genannt und wurden weitestgehend ins Deutsche übersetzt. Da nicht für alle eine passende Übersetzung möglich war, wurden manche Bezeichnungen in englischer Sprache belassen.

# DIE BEDINGUNGEN UND DAS KONZEPT

## — *Alles beginnt mit einer Stange*

# GUTE BEDINGUNGEN FÜR CURVING

**Obwohl Curving zu den sehr flexiblen Sportarten gehört, die schnell und unkompliziert ausführbar sind, sollten die Grundvoraussetzungen stimmen, um den Hund nicht zu gefährden.**

## DER UNTERGRUND

Zum Curven benötigt man eine möglichst große, ebene und freie Fläche mit rutschfreiem Untergrund. Hierzu bieten sich beispielsweise kurz geschnittener Rasen, Sand- und Erdboden an. Nicht immer müssen die Umstände optimal sein. Für eine kleine Curvingeinheit unterwegs kann man auch zwei bis drei Bäume, ein paar Büsche oder Poller im Park wählen. Der Kreativität sind keine Grenzen gesetzt.
Da viele Hunde während des Trainings hohe Geschwindigkeiten erreichen, sollte der Boden immer so gewählt werden, dass das Verletzungsrisiko durch ein mögliches Wegrutschen weitestgehend vermieden werden kann. Auf ein Training bei Nässe oder Glätte sollte daher verzichtet werden!

## EIGNUNG VON HUND UND MENSCH

Curving ist durch seine verschiedenen Varianten sehr vielfältig und für viele Hunde gut geeignet. Wer mit seinem Hund in das Training einsteigen möchte und nicht sicher ist, ob man als Team für Curving geeignet ist, kann sich folgende Fragen stellen:

### MIT BLICK AUF DEN HUND

1. Ist mein Hund körperlich und geistig dazu in der Lage?
2. Hat mein Hund grundsätzlich Freude an eigenmotivierter Bewegung?
3. Hat mein Hund Freude an der gemeinsamen Arbeit mit mir?
4. Hat mein Hund Freude daran, neue Sachen zu lernen?
5. Ist mein Hund gut zu belohnen und zu motivieren?

### MIT BLICK AUF DEN MENSCHEN

1. Bin ich bereit und in der Lage, den Aufbau aktiv motorisch zu begleiten?
2. Habe ich die Geduld, meinem Hund das Arbeiten auf Abstand kleinschrittig und durch viele Wiederholungen zu erklären?
3. Habe ich die Geduld und auch das Verständnis für meinen Hund, wenn es mal nicht direkt funktioniert?

### FREUDE AN DER ARBEIT

Grundsätzlich kann jeder Hund curven, der die körperlichen und geistigen Fähigkeiten besitzt, und wie in jedem guten Hundetraining gilt auch hier die Regel: Der Aufbau ist zu einem großen Teil entscheidend dafür, wie viel Freude der Vierbeiner an der Arbeit hat. Gerade während der ersten Konditionierungsphase entstehen einige Wiederholungen, die man spannend und abwechslungsreich gestalten sollte – mit vielen Pausen und wenig Platz für zu viel Ehrgeiz. Dennoch gibt es Hunde, die auch bei bestem Aufbau keine Freude an dem Sport finden und die sich für andere Beschäftigungsformen besser eignen.

## GESUNDHEIT

Im Vordergrund sollte zunächst die Gesundheit stehen: Nach diesem Aspekt sollte entschieden werden, wie das Training mit dem Hund ausfällt und ob er überhaupt curven sollte. Die engen Wendungen belasten die Gelenke, weshalb es so wichtig ist, Hunde mit Problemen des Bewegungsapparats zu schonen und gar nicht oder dosiert curven zu lassen.

## ALTER UND CHARAKTER

Dazu kommen Alter und Charakter: So unterscheidet sich das Training mit einem jungen Border Collie von dem eines Großen Schweizer Sennenhundes. Mit einem Welpen arbeite ich ganz anders als mit einem vierjährigen Hund. Wie viel Belastung kann ich dem Hund zumuten – sowohl geistig als auch körperlich?

## PRÄZISION VOR SCHNELLIGKEIT

Der Curvinghund muss nicht unbedingt schnell und wendig sein. Beim Curving kommt es nicht auf die Geschwindigkeit an, sondern auf das saubere Arbeiten, auf flüssige Bewegungsabläufe und die präzise Distanzarbeit. Die Erfahrung zeigt, dass sich

*01*

*02*

diese Sportart daher auch gut für alte oder weniger agile Vierbeiner eignet. Das gilt im Übrigen auch für den Besitzer, der nach einem guten Aufbau aus der Mitte heraus anleitet und führt – ohne sportliche Meisterleistungen erbringen zu müssen.
Ein besonderes Talent für Curving kann man bei den Hütehunderassen beobachten. Hier kommt ihnen ihre genetische Veranlagung zugute. Das Arbeiten auf Abstand und die hohe Motivationslage in Kombination mit ihrer Ausdauer bieten die optimale Grundlage für den Sport. Dennoch ist Curving grundsätzlich für jeden Hund geeignet, der Freude daran hat.

*03*

*04*

## GEMEINSAMER SPASS

Das einzige Ziel, das ein Sport wie Curving hat, ist der gemeinsame Spaß daran. Immer wieder kann man Hunde in verschiedensten Sportarten beobachten, die ihn ihren Menschen zuliebe ausüben. Die Auswahl ist groß und für jeden ist etwas dabei. Von der konzentrierten und ruhigen Nasenarbeit über das Erlernen von Tricks oder das Apportieren bis hin zu agilen Aktivitäten wie dem Zughundesport und Agility. Es lohnt sich, mit seinem Hund einige Beschäftigungsmöglichkeiten auszuprobieren, bis man sein Talent oder seine Leidenschaft gefunden hat. Und manchmal stellt man fest, dass der eigene Vierbeiner es schlicht und ergreifend bevorzugt, im Garten oder auf der Couch zu liegen und ruhige Spaziergänge zu genießen. Dann kann man ihm diesen Wunsch erfüllen. Einen Hund zu führen bedeutet auch immer, seine Bedürfnisse und Wünsche zu erkennen und dort, wo es möglich ist, in den gemeinsamen Alltag zu integrieren. Sollte man an dieser Stelle einen Aha-Moment haben und das Buch lieber verschenken wollen, soll noch gesagt sein, dass viele Erklärungen in diesem Buch auf alle Sportarten anwendbar sind und dementsprechend auch nicht nur für zukünftige Curvingprofis einen Mehrwert bietet.

*01 Ob Spaziergang oder Sport – eine gute Beziehung sollte immer im Vordergrund stehen.*

*02 Körpersprünge sind ein spannendes Element beim Curven, aber kein Muss!*

*03 Versteht der Hund seinen Besitzer und umgekehrt, gibt es nur wenig Missverständnisse.*

*04 Die meisten Hunde lassen sich gut über Futter motivieren.*

# DAS KONZEPT

**Zu jeder Sportart gehört auch das passende Konzept mit seinen Regeln. So bleibt Curving vergleichbar und wird in allen Hundeschulen einheitlich gelehrt. In diesem Kapitel beschäftigen wir uns mit den Materialien, der Struktur des Curvingfeldes und der Schreibweise.**

## DIE MATERIALIEN

Wer mit seinem Hund Curven möchte, benötigt als erstes vier Stangen mit acht unterschiedlichen Farben. Zu einem Quadrat aufgestellt bilden sie das Curvingfeld – der Aufbau ist somit denkbar einfach, das Konzept dahinter jedoch komplexer, als man auf den ersten Blick meinen könnte.

*Die vier Farbstangen bilden das Herzstück des Sports.*

Bereits in dieser simplen Konstellation ergeben sich etliche Laufwege und Variationen für den Hund, die das Team vor Herausforderungen stellen. Noch herausfordernder wird es, wenn dem Curvingfeld ein Tunnel und zwei Hürden hinzugefügt werden. Dadurch kann der Curver seinen Hund über zwei Ebenen arbeiten, die wir uns in diesem Kapitel genauer ansehen werden. Wir beginnen mit den einzelnen Materialien:

### 1. DIE VIER CURVINGSTANGEN

Jede der vier Curvingstangen hat zwei Fahnen mit unterschiedlichen Farben, die dem Curver den Parcours anzeigen. Die untere Fahne zeigt nach links und gibt das Umrunden von links nach rechts vor, die obere Fahne zeigt nach rechts und beschreibt das Umrunden von rechts nach links. Die Stange mit den Farben Schwarz/Weiß ist als sogenannte Startstange definiert und somit immer die erste Aktion im Parcours. Jeder Stange wird zum besseren Verständnis eine Zahl zugeordnet, dabei wird im Uhrzeigersinn von Schwarz/Weiß an durchgezählt.

### 2. DER TUNNEL

Der Tunnel steht zu einem flachen U gebogen hinter der Stange Blau/Rot und ist

*Der Tunnel wird leicht gebogen ausgelegt und mit Sandsäcken gesichert.*

*Die beiden Hürden werden vom Hund immer gemeinsam gearbeitet.*

5 Meter lang. Es empfiehlt sich, einen Grip-Tunnel zu nehmen, denn das senkt das Verletzungsrisiko besonders schneller Hunde. Zudem ist die angemessene Sicherung des Tunnels mit Sandsäcken wichtig, damit er nicht rollt. Dafür sollte jeder Meter Tunnel mit zwei sich gegenüberliegenden Sandsäcken bestückt werden.

## 3. DIE HÜRDEN

Die beiden Sprunghürden werden beim Curving als ein einzelnes Gerät verstanden und somit vom Hund immer zusammen gearbeitet. Sie stehen im 90°-Winkel zueinander hinter der Stange Lila/Gelb. Die Sprünge sind bis zu 30 cm hoch und die Stange ist 1,20 m lang.

# DAS CURVINGFELD

## DIE FÜHRZONE

In der Mitte des Feldes befindet sich die Führzone. Aus diesem 1,50 × 1,50 m großen Feld heraus führt der Curver seinen Hund durch den Parcours. Er darf sich nicht über diesen Bereich hinausbewegen, während der Hund die Fläche hingegen durchqueren darf. Aus der Führzone heraus kann der Hund in beliebiger Pose starten – stehend, sitzend oder liegend. Die Position neben seinem Menschen hingegen ist festgelegt und wird durch die erste Farbaktion vorgegeben. Beginnt der Parcours mit Schwarz, startet der Hund auf der linken Seite und auf Weiß rechts. Eine Ausnahme bildet der Start zwischen den Beinen des Curvers. Aus dieser Position heraus darf der Hund auf beide Farben geschickt werden.

## DAS INNERE RECHTECK

Von oben betrachtet besteht das Feld aus der Führzone und zwei Rechtecken – dem inneren Rechteck, das durch die Stangen definiert wird, und dem äußeren Rechteck, in dem die Geräte positioniert werden. Die Farbstangen haben wir bereits kennengelernt, nun stellen wir sie an den Ecken des inneren Rechtecks auf. Die Startstange mit den Farben Schwarz und Weiß wird als erstes aufgestellt. Die zweite Stange hat die Farben Blau und Rot. Gegenüber von der Startstange befindet sich die Stange mit den Farben Orange und Grün und die letzte der vier Stangen trägt die Farben Lila und Gelb. Zum besseren Verständnis kann das Feld in imaginäre Zonen eingeteilt werden. Die Zonen setzen sich aus den verschiedenen Farbfeldern und der Führzone zusammen. In der Grafik wird die oben bereits beschriebene Führzone in der Mitte weiß dargestellt. In der Praxis läuft der Hund nacheinander durch die verschiedenen Farbfelder, wodurch sich eine Choreografie, der sogenannte Parcours, ergibt. Lautet die Aufgabe „Schwarz", schickt der Curver seinen Hund über die schwarze in die weiße Fläche, also von links nach rechts. Bekommt er die Aufgabe Grün – Rot, so läuft er über das grüne

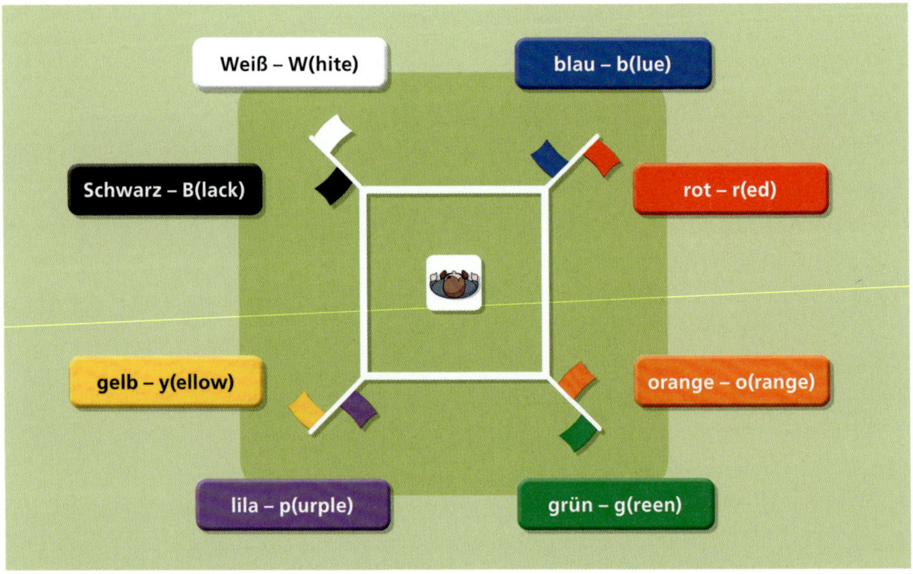


*Die Stangen und ihre zugehörigen Farben bleiben immer an ihrer festen Position.*

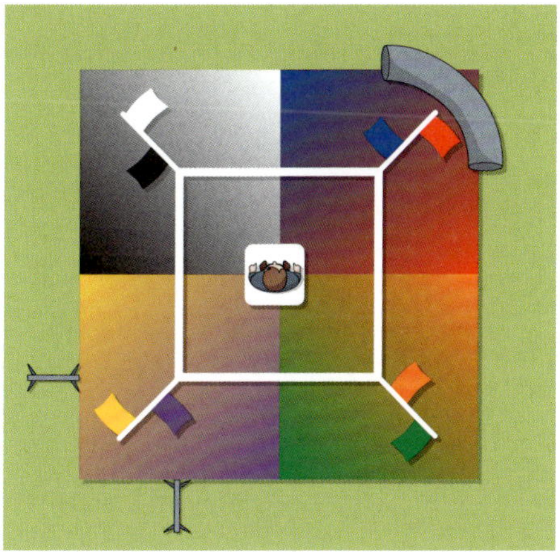

*Die Farbfelder veranschaulichen den Laufweg.*

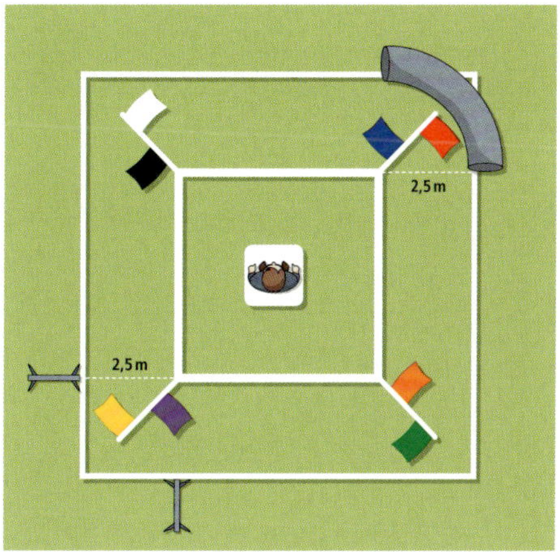


*Der Abstand zu den Geräten beträgt 2,50 m.*

Feld zum orangefarbenen, daraufhin in das rote und kommt dann über Blau zurück zum Curver. So verhält es sich mit allen Farbfeldern. Im Parcours zeigen dann nur die Fähnchen den Laufweg an.

Das innere Rechteck kann in drei unterschiedlichen Größen aufgebaut werden. Der kleinste Abstand zwischen den Stangen beim Mini-Parcours beträgt 5 Meter, beim Medi-Parcours sind es 7 Meter und der Maxi-Parcours weist 10 Meter Abstand zwischen den Stangen auf. Die Längenangabe bezieht sich also nicht auf die Entfernung zwischen Curver und Stange, sondern auf die Distanz zwischen den Stangen auf den Linien des inneren Rechtecks gemessen.

## DAS ÄUSSERE RECHTECK

Über das innere Rechteck hinweg gelangt der Hund in das äußere Rechteck. Somit gibt es beim Curven zwei Ebenen, die der Hund voneinander unterscheiden können muss. Das äußere Rechteck besteht aus zwei Geräten: dem Tunnel hinter der Stange Blau/Rot und den beiden Hürden hinter der Stange Lila/Gelb. Beide Hürden gelten als ein zusammengehöriges Gerät und können nicht getrennt voneinander gearbeitet werden. Widmen wir uns den Abständen:

Der Tunnel liegt vom Mittelpunkt des Tunneleingangs aus 2,50 Meter von der Stange Blau/Rot entfernt. Bei den Hürden wird die Entfernung von der Stange Lila/Gelb bis zum Beginn der Sprungstange gemessen und beträgt ebenfalls 2,50 Meter. Im Gegensatz zu den Abständen zwischen den Stangen verändern sich die Abstände zwischen dem inneren und dem äußeren Rechteck nicht – in allen drei Größenvarianten bleibt die Distanz von den Geräten zu ihrer zugehörigen Stange bestehen.

Die im oberen Abschnitt besprochenen Farbfelder werden auch im äußeren Rechteck angewendet. Der rechte Tunneleingang liegt im roten, der linke im blauen Feld. Soll der Hund „Tunnel Rot“ laufen, läuft er über die rote Fläche in den Tunnel und kommt über die blaue Fläche zurück.

| Gerät | Länge | Höhe | Material |
|---|---|---|---|
| Tunnel | 5 m | 60 cm | Vollgrip |
| Hürden | 1,20 m ohne Ausleger | Keine Stange / auf Antrag XS 15–20 cm / Widerrist bis 34,99 cm S 25–30 cm / Widerrist ab 35 cm | |

## DIE SCHREIBWEISE

Curving kann als reine Freestyle-Variante gearbeitet werden. Wirklich spannend wird es jedoch, wenn man sich einen Parcours mit seinem Hund erarbeitet. Auch im Turnierbereich ist die Voraussetzung, den Parcours lesen und in die Praxis übertragen zu können. Im folgenden Kapitel tauchen wir daher in die Begriffe und Symbole des Curvingsports ein und tasten uns in kleinen Schritten an die Schreibweise heran. Dies mag zunächst sehr komplex wirken, ist aber reine Übungs- und Gewohnheitssache. Wir starten mit der kleinsten Einheit des Curvingparcours: der Aktion.

### DIE AKTION – DIE FARBAKTION

Der Curvingparcours setzt sich aus verschiedenen Elementen zusammen. Zerlegt man einen solchen Parcours in seine Einzelteile, werden die einzelnen Elemente sichtbar. Die kleinste Einheit ist dabei **die Aktion**. Wird der Hund um eine Stange geschickt, wird dies als **Farbaktion** bezeichnet. Auch das Arbeiten der Hürden und des Tunnels sind Farbaktionen. So kann man sich gut merken, dass alle Aufgaben, die mit Farben gekennzeichnet sind, Farbaktionen genannt werden. Doch der Sport besteht nicht nur aus der Distanzarbeit, sondern beinhaltet auch Elemente, die nah beim Menschen stattfinden, die sogenannten Übergänge. Wir bleiben aber an dieser Stelle erst einmal bei der Farbaktion und widmen uns im Anschluss den Übergängen.
Im unteren Beispiel umrundet der Hund die Fahne mit der Farbe Schwarz (Black). Dabei läuft er von der linken zur rechten Seite.

Aktion | **Schwarz** = Action | Black = A | B

Ebenso verhält es sich mit der weißen Fahne.

Aktion | **Weiß** = Action | White = A | W

Wiederholen wir noch einmal das vorab Gelernte: An jeder Stange sind zwei Fahnen mit unterschiedlichen Farben befestigt. Die untere Farbe zeigt nach links, die obere Farbe nach rechts. Das bedeutet, dass die untere Farbe vom Hund von links nach rechts umrundet wird und die obere Farbe von rechts nach links. Die Position der Stangen und der Farben kann nicht verändert werden. Im Parcours startet man immer mit der Stange

### ☞ ALLE FARBAKTIONEN IM ÜBERBLICK

| | | | |
|---|---|---|---|
| Schwarz<br>Black<br>**B** | Weiß<br>White<br>**W** | Blau<br>Blue<br>**b** | Rot<br>Red<br>**r** |
| Orange<br>Orange<br>**o** | Grün<br>Green<br>**g** | Lila<br>Purple<br>**p** | Gelb<br>Yellow<br>**y** |
| Tunnel Blau<br>Tunnel Blue<br>**T[b]** | Tunnel Rot<br>Tunnel Red<br>**T[r]** | Hürden Lila<br>Hurdles Purple<br>**H[p]** | Hürden Gelb<br>Hurdles Yellow<br>**H[y]** |

Die acht Farben werden international verständlich in englischer Sprache abgekürzt.

*Die Stange mit den Farben Schwarz und Weiß ist die Startstange, mit ihr beginnt jeder Parcours.*

Schwarz/Weiß (B/W). Es gibt keine Ausnahme, sodass ein Parcours mit einer anderen Farbe beginnen könnte.
Die Startstange wird in ihrem Schriftbild als einzige Stange in Großbuchstaben dargestellt. Dadurch hebt sie sich von den anderen Farben ab und es entsteht kein Konflikt zwischen der Bezeichnung für Schwarz (B) und Blau (b). Alle anderen Farben werden kleingeschrieben und ergeben sich durch den ersten Buchstaben der englischen Bezeichnung der jeweiligen Farbe. Im Text steht somit o, wenn der Curver den Hund zu der orangefarbenen Fahne schicken soll. Bei W läuft der Hund zur weißen Fahne und bei p zur lilafarbenen. Das Umrunden der Stangen bildet die Basis des Sports, denn ohne Farbaktion können weder Figuren noch Übergänge ausgeführt werden, um die es im nächsten Abschnitt geht.

## DIE AKTION – DIE ÜBERGÄNGE

Neben den Farbaktionen gibt es noch mehr „kleinste Einheiten" im Parcours. Sie nennen sich **Übergänge**. Der Name ergibt sich aus ihrer Funktion, da sie zwischen den

Farbaktionen gezeigt werden. Alle Übergänge finden nah am Curver statt und können nur im Anschluss an eine Farbaktion auftreten.
Im oben beschriebenen Beispiel wurde der Hund um die Stange B/W geschickt. Wir möchten unsere Sequenz hier nicht beenden, sondern den Hund im Anschluss noch um die gelbe Stange (y) schicken. Dafür nutzen wir einen Übergang: in diesem Beispiel den Führstrich (LeadingLine). Er kann mit „führt zu“ übersetzt werden und trennt die Farbaktionen übersichtlich voneinander.

Figur | **Schwarz (B)** führt zu **Gelb (y)**
= F | B – y

Die Führstriche können durch weitere Übergänge ersetzt werden, die der Hund zwischen den Farbaktionen durchführt. Insgesamt gibt es neun Übergänge, die auch als Tricks bezeichnet werden. So ist es möglich, dass der Hund zwischen zwei Farbaktionen über das Bein des Curvers springt, ihn umrundet oder durch seine Beine hindurchläuft. All diese Übergänge haben ein eigenes Symbol und werden im Buch kleinschrittig erarbeitet.
Die Farben und die Übergänge geben den Laufweg des Hundes exakt vor. Der Curver weiß jetzt, dass er den Hund erst zur schwarzen Fahne und direkt im Anschluss zur gelben Fahne schickt. Aber nun kommt eine neue Frage auf, weshalb ist es jetzt nicht mehr die Aktion, die am Anfang steht, sondern plötzlich die Figur? Zwei Farbaktionen nacheinander ergeben eine Figur. Das sehen wir uns einmal genauer an:

## DIE FIGUREN

Es ist nicht immer leicht, sich all die Kombinationen aus Farbaktionen und Übergängen zu merken. In der Praxis hat es sich daher bewährt, spezielle Kombinationen aus Farbaktionen zu benennen – auf diese Art und Weise entstanden die Figuren.

Figur | **Schwarz** führt zu **Gelb**
= Figure | Black – yellow
= F | B – y

## ☞ DIE NEUN ÜBERGÄNGE

| | | |
|---|---|---|
| **Leading Line** | – | Führt zu … / Kein aktiver Übergang zwischen den Farbaktionen |
| **Back** | ⟩ | Der Hund läuft zwischen zwei Farbaktionen hinter dem Rücken des Curvers her. |
| **FrontCross**<br>**SideCross**<br>**Cross** | ∋ | Der Hund läuft zwischen den Beinen des Curvers durch, bevor es zur nächsten Farbaktion geht. |
| **Loop** | ⋊ | Der Hund umrundet den Curver, indem er vor ihm seine Laufbahn kreuzt. |
| **Jump** | ◡ | Der Hund springt über das nach vorn gestreckte Bein des Curvers. |
| **BackJump** | ↷ | Der Hund springt über das nach hinten gestreckte Bein des Curvers. |
| **DriveIn** | ⊃ | Der Hund dreht sich vor dem Curver, um rückwärts durch seine Beine zu laufen. |
| **Bounce** | ≫ | Der Hund springt seitlich kommend gegen das Bein oder die Hüfte des Curvers. |
| **TopJump** | ↗ | Der Hund springt auf den zur nächsten Stange gedrehten Rücken des Curvers und benutzt diesen als Sprungbrett. |
| **Wave** | ∿ | Der Curver steht mit dem Rücken zum Hund, dieser dreht sich an die Seite des Curvers und parkt daraufhin zwischen seinen Beinen ein. |

Die oben genannte Figur wird *InnerEight* genannt, da der Hund, aus der Vogelperspektive betrachtet, eine Acht läuft. Insgesamt gibt es neun verschiedene Figuren, die ein Curver mit seinem Hund laufen kann. Wer jetzt eine Schnappatmung bekommt oder bei wem Erinnerungen an den Mathematikunterricht wach werden, den kann ich beruhigen: Es sieht komplizierter aus, als es ist und leichter zu lernen, als man vermutet. Und es gibt noch eine gute Nachricht: Bereits mit dem Grundwissen, zwei Farbaktionen aneinanderreihen zu können, kann man einige Parcours lesen und schon bald in die Praxis starten.

## VON DER AKTION ZUM PARCOURS

Fassen wir nochmal alle bisherigen Informationen zusammen: Es gibt zwei Arten von Aktionen, die den Parcours definieren: Die beiden Arten bezeichnet man beim Curving als Farbaktionen und Übergänge.

## ☞ DIE NEUN FIGUREN

| | | |
|---|---|---|
| **InnerEight** | **Innere Acht** | B – y \| W – b |
| **OuterEight** | **Äußere Acht** | B – r \| W – p |
| **Diagonal** | **Diagonale** | B – o \| W – g |
| **DiagonalCrossing** | **Kreuzende Diagonale** | B – g \| W – o |
| **Line** | **Gerade** | B – b \| W – y |
| **InnerLine** | **Innere Gerade** | B – p \| W – r |
| **Twist** | **Twist** | B – B \| t[B]<br>W – W \| t[W] |
| **SpinningTop** | **Kreisel** | r – T[r] \| b – T[b]<br>p – H[p] \| y – H[y]<br><br>T[r] – r \| T[b] – b<br>H[p] – p \| H[y] – y |
| **Rabbit** | **Hase** | r – T[b] \| b – T[r]<br>p – H[y] \| y – H[p]<br><br>T[b] – r \| T[r] – b<br>H[p] – y \| H[y] – p |

*Figuren finden außerhalb der Führzone statt, bei den Übergängen sind sich Mensch und Hund ganz nah.*

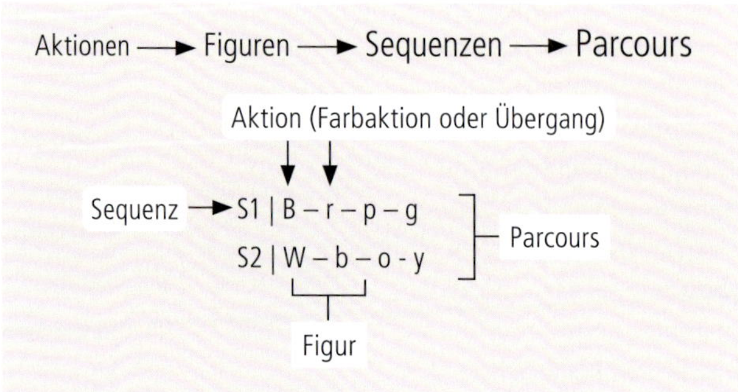


*Ein Parcours setzt sich aus mehreren Aktionen zusammen.*

Aus der Kombination zweier Farbaktionen entstehen Figuren.

Aktion | Kleinste Einheit (Farbaktion und Übergang)
Figur | Festgelegte Abfolge aus zwei Farbaktionen
} Elemente

Reiht man mehrere Farbaktionen und Übergänge aneinander, ergibt sich daraus eine Sequenz. Ein Curvingparcours setzt sich aus mindestens einer und maximal drei Sequenzen zusammen.

Sequenz | Abfolge mehrerer Aktionen oder Figuren
Parcours | Gesamte Abfolge der Sequenzen

In der oberen Grafik erkennt man bereits, wie ein Parcours auf Papier gebracht werden würde. Wir beginnen mit einem S als Abkürzung für Sequenz. Daraufhin folgt die Abfolge der Farbaktionen und Figuren. Dabei darf eine einzige Sequenz aus maximal fünf Aktionen bestehen, bevor die zweite Sequenz folgt. Diese Regelung dient zum einen der Übersichtlichkeit, zum anderen sollte ein abgeschlossener Curvingparcours aufgrund der hohen körperlichen und geistigen Beanspruchung nicht aus zu vielen Aktionen bestehen.

An dieser Stelle kennen wir bereits genügend Aktionen, um einen vollständigen Parcours zu laufen. Beispielsweise:

Sequenz | **Schwarz** führt zu **Gelb** führt zu **Orange** führt zu **Rot** = S | B – y – o – r

In diesem Parcours sind bereits zwei Figuren enthalten:
Die innere Acht, sowohl von Schwarz zu Gelb, als auch von Orange zu Rot und die äußere Acht von Gelb zu Orange. Wie genau die einzelnen Figuren und Übergänge aussehen, werden wir uns noch intensiv ansehen.

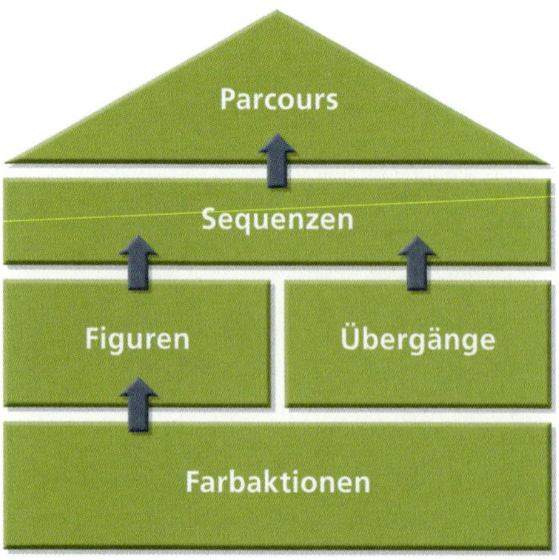


*Die Struktur eines Curvingparcours*

*01 – 02 Das einfache Schicken um eine Stange wird als Farbaktion bezeichnet.*

*03 – 04 Aus den Farbaktionen entstehen Figuren.*

*05 Die Übergänge werden zwischen den Farbaktionen gezeigt.*

# DER AUFBAU

Lange bevor es mit dem Hund richtig ins Training geht, lohnt es sich, bereits vorab einmal das Curvingfeld aufzubauen und ein Gefühl für das Feld zu bekommen. Welche Farbe finde ich wo? Wie groß sind die Abstände? In welche Richtung muss ich mich drehen? Je besser man vorbereitet ist, desto leichter fällt es einem später, den Hund durch den Parcours zu führen. In den praktischen Curvingkursen gibt es vor jedem Durchgang mit Hund einen Durchgang ohne Hund – das wird liebevoll Vortanzen genannt und ist sehr wichtig, um den Hund später nicht durch zu langes Nachdenken aus dem Konzept zu bringen.

## VERSION 1: EINFACHER AUFBAU

Soll es schnell gehen, kommt der einfache Aufbau des Curvingfeldes ins Spiel. Wir beginnen mit dem inneren Rechteck und der Startstange Schwarz/Weiß. Hier ist bei der Auswahl des Standorts nur wichtig zu prüfen, ob ringsherum genug Platz zum weiteren Aufbau des Feldes ist. Von dieser Stange aus läuft der Curver fünf, sieben oder zehn große Schritte zum Platz der Stange Blau/Rot, je nachdem, wie groß der Parcours werden soll. Jetzt ist Augenmaß gefragt. Im rechten Winkel läuft man den gleichen Abstand zur Stelle für die Stange Orange/Grün, schätzt erneut einen rechten Winkel ab und schließt das innere Rechteck mit der Stange Lila/Gelb ab. Dieser Aufbau ist schnell und einfach, jedoch nur so genau, wie das Augenmaß des Curvers es zulässt.

## VERSION 2: PRÄZISER AUFBAU

Die zweite Variante des Aufbaus ist für die Leser dieses Buches genau richtig, die ihren Parcours gern exakt aufbauen. Dafür nimmt sie etwas mehr Zeit in Anspruch und es werden folgende Hilfsmittel benötigt:

— eine Markierung für den Mittelpunkt, beispielsweise ein Hering oder eine weitere Stange
— ein Zollstock
— eine Schleppleine oder ein anderes Band mit der benötigten Länge

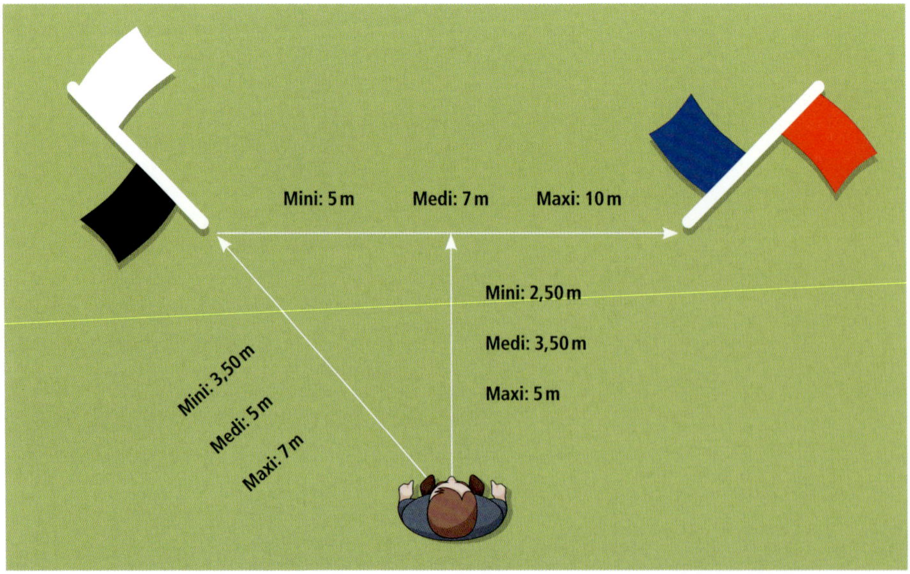


*Die Parcoursgrößen 5 m, 7 m und 10 m beziehen sich auf den Abstand zwischen den Stangen.*

Dieses Mal starten wir nicht mit der Startstange, sondern wir beginnen mit der Mittelpunktmarkierung. Der Mittelpunkt des Feldes wird zunächst optisch grob eingeschätzt, um genügend Platz für den Aufbau zu haben. Die Schleppleine wird nun an der Mittelpunktmarkierung befestigt und die Länge bis zur ersten Stange (B/W) abgelaufen. Welche Länge gelaufen wird, ist abhängig von der Größer des Parcours. Bei einem S-Parcours beträgt der Abstand ca. 3,50 m zur Stange.

| Größe | Abstand zwischen den Stangen | Abstand vom Curver zur Stange |
|---|---|---|
| S | 5 m | ca. 3,50 m |
| M | 7 m | ca. 5 m |
| L | 10 m | ca. 7 m |

In der Tabelle können alle Werte abgelesen werden.

Als zweite Stange wird nun die gegenüberliegende Stange Orange/Grün (o/g) gewählt. Das lässt sich optisch recht gut einschätzen, sobald man am anderen Ende angekommen ist und so eine saubere Gerade von Schwarz/Weiß zu Orange/Grün gezogen werden kann.
Für den nächsten Schritt benötigen wir den Zollstock, um einen rechten Winkel auszumessen. Das Band bleibt noch dort liegen, wo zuletzt bis zur Stange (o/g) gemessen wurde. Legt man den Zollstock nun vom Mittelpunkt aus in einem rechten Winkel zum Maßband, ergibt sich der Weg für die nächste Stange. Das Maßband kann nun also an dem Schenkel des Zollstocks entlanggeführt werden. Die letzte Stange lässt sich nun wieder mit dem gleichen Prinzip aufbauen wie die Stange (o/g). Per Augenmaß liegt sie der Stange Lila/Gelb (p/y) direkt gegenüber. Wer möchte, kann noch die Führzone mit dem Zollstock abmessen und mit Kreidespray einzeichnen.

*Für eine kurze Curvingeinheit reicht der einfache Aufbau.*

*Auf dem Hundeplatz oder zur Turniervorbereitung …*

*… sollte das Curvingfeld präzise aufgebaut werden.*

# DAS TRAINING

## — *Es ist das Gespräch, das den Sport erst wertvoll macht*

# SPORT UND ERZIEHUNG

**Am liebsten möchte man direkt loslegen, rein in den Parcours und den Hund arbeiten lassen, denn das macht doch am meisten Spaß! – Oder? Ganz so einfach ist es nicht, denn alles hängt miteinander zusammen.**

Wenn ich nur das Ziel als freudiges Ereignis mit meinem Hund empfinde, wird es ein langer und steiniger Weg, um dorthin zu gelangen. Wer jedoch bereits den Weg genießt, der ist am Ende schneller an seinem Ziel, als er es möglicherweise erwartet hat. Dieser Rat bezieht sich nicht nur auf das Curvingtraining, es ist eine Empfehlung aus meiner tiefsten Überzeugung heraus. Wie oben bereits erwähnt, sollte der Sport nicht von der Erziehung getrennt werden. Sie sollten Hand in Hand einhergehen, um sowohl den Bedürfnissen des Menschen als auch denen des Hundes gerecht zu werden. Zunächst schauen wir uns an, wie unsere Hunde lernen und an welchen Gesetzmäßigkeiten wir uns orientieren können, um ihnen etwas beizubringen.

## DIE GRUNDLAGEN DER KONDITIONIERUNG

Sobald man einen Hund bei sich aufnimmt, stolpert man unweigerlich über den Begriff der Konditionierung. In wessen Kopf der pawlowsche Hund nun anfängt zu speicheln, der ist gedanklich bereits auf dem richtigen Weg. Durch Konditionierungen lernen Hunde, welches Verhalten sich für sie lohnt und welches unangenehme Folgen haben kann. Ein wichtiger Vorgang, um sich entsprechend an die Umwelt anzupassen. Diesen Prozess machen wir uns zunutze, indem wir unseren Hund für erwünschtes Verhalten belohnen oder bestrafen. Wobei der Begriff Strafe in vielen Ohren so negativ klingt, dass man lieber nichts damit zu tun haben möchte. Lerntheoretisch ist eine Strafe jedoch bereits, wenn man den Hund plötzlich ignoriert, da man ihm etwas Positives, nämlich die eigene Aufmerksamkeit, entzieht. Dieses Verhalten wird negative Strafe genannt. Aber auch wenn der Hund draußen etwas fressen möchte und ich deswegen laut in die Hände klatsche, ist das eine Strafe. Genau genommen eine positive, da ich einen für den Hund unangenehmen Reiz einbringe. Ob der Hund einen Reiz als Strafe empfindet, ist dabei ganz individuell. Ebenso individuell ist die Empfindung für Belohnungen. Glücklicherweise haben wir zahlreiche Möglichkeiten, um in unseren Hunden gute Gefühle auszulösen.

# DIE BELOHNUNGSFORMEN

**Beim Curving steht der Spaß für Mensch und Hund im Vordergrund. Daher ist es wichtig, die richtige Motivation für deinen Hund zu finden. Mag er Futter, Zuwendung oder lieber ein beherztes Spiel?**

Curving ist eine Beschäftigungsform für Mensch und Hund, weshalb eine Komponente großgeschrieben wird: Spaß! Um den Hund in die richtige Motivationslage zu bringen und das Training mit viel Freude an der Arbeit zu gestalten, sollte zunächst das richtige Motivationsmittel herausgefunden werden. Jeder Hund hat hier andere Vorlieben. Die meisten Hundebesitzer starten das Training mit Futter als die gängigste aller Belohnungsformen und wissen oft gar nicht, dass ein Spielzeug für den Hund eine ebenbürtige, wenn nicht sogar größere Belohnung darstellen kann.

**Grundsätzlich kann man zwischen vier Belohnungsarten unterscheiden:**

1. Futter
2. Spielzeug
3. Soziale Zuwendung
4. Selbstbelohnendes Verhalten

Welche Belohnungsformen für meinen Hund die passenden sind und in welchen Situationen, lässt sich leicht herausfinden – fragen wir einfach unsere Vierbeiner. Meist hat man bereits ein gutes Gefühl dafür, was der eigene Hund besonders gern mag. Dennoch kann es sein, dass die gewählte Belohnung auch mit der eigenen Vorliebe zusammenhängt, und so ist es durchaus sinnvoll, die verschiedenen Formen unvoreingenommen auszuprobieren. In der Hundeschule habe ich gern zu Beginn gefragt, wer Futter für seinen Hund mitgebracht hat. Es war eine absolute Ausnahme, wenn hier eine Hand unten blieb.

## FUTTER

Futter bietet sich für sehr viele Hunde und in vielen verschiedenen Situationen als gutes Belohnungsmittel an. Der Grund dafür ist zum einen seine überlebenswichtige Funktion und zum anderen seine Variabilität, auf die wir beim Training zurückgreifen können. Ich kann meinen Hund mit Möhre, Trockenfutter oder Leberwurst belohnen, ihm viele oder nur ein Häppchen geben und diese klein oder groß portionieren. Futter kann man aus der Hand geben, an einem Target auslegen, direkt ins Maul des Hundes werfen oder über den Boden kullern lassen. All diese Variationsmöglichkeiten bieten ein breites Belohnungsspektrum über Futter und dürfen im Training gern variabel eingesetzt werden. Besonders geeignet ist die Futterbelohnung bei der Notwendigkeit präziser Verstärkung und häufiger Wiederholung. Erarbeite ich mir mit meinem Hund das Umrunden der Stange und belohne ihn bei jedem kleinen Schritt in die richtige Richtung mit einem Beutespiel, bringe ich ihn immer wieder aus dem Konzept, beanspruche ihn körperlich enorm und ziehe

*Das Spiel über Beute hat seine Vor- und Nachteile.*

das Training erheblich in die Länge. Über Futter hingegen wird der Hund präzise und schnell belohnt, während er gleichzeitig konzentriert bei der Übung bleiben kann. Kein Wunder, dass Futter so beliebt bei der Konditionierungsarbeit ist. Doch in welchen Situationen belohnt man dann mit einem Beutespiel?

## SPIEL

Das Beutefangverhalten ist in vielen Hunden verankert. Beim einen reicht der Bewegungsreiz eines Blattes, das über den Boden weht, aus, um hinterherzurennen, andere Hunde wollen erst mal überredet werden. Spielen führt dazu, dass Hund und Mensch zusammen Spaß haben und die Beziehung auf eine positive Art und Weise gestärkt wird. Doch wie spiele ich richtig mit meinem Hund? Es gibt viele Möglichkeiten, mit seinem Vierbeiner zu spielen. Wir können mit einem Rennspiel beginnen, im Nahkampf weitermachen oder ein Objekt ins Spiel integrieren. Wir konzentrieren uns in diesem Abschnitt auf das gemeinsame Spiel mit der Beute. Das bedeutet jedoch nicht, dass der Besitzer bei dieser Form keine Rolle spielt. Vielmehr ist es eine gesunde Mischung aus sozialen und objektbezogenen Elementen, die den Hund in ein hohes und dennoch gesundes Erregungsniveau bringt.

### NIEMALS NIE ZERRSPIELE?

Leider hält sich noch immer das hartnäckige Gerücht, Beute- und Zergelspiele seien generell problematisch für die Beziehung zum Halter. Wie so oft gilt auch hier: Jeder Hund ist ein Individuum und sollte dementsprechend gearbeitet und geführt werden. Grundsätzlich kann man sagen, dass ein kontrolliertes Beutespiel in einer intakten Mensch-Hund-Beziehung kein Problem darstellt, sondern einige positive Aspekte beinhaltet. Das exzessive und kopflose Fördern des Beutetriebs ohne entsprechende Kontrolle kann jedoch bei einigen Hundetypen gefährlich werden und sollte generell, auch bei weniger reaktiven Hunden, so nicht stattfinden. Habe ich einen Hund mit ausgeprägtem Beutefangverhalten, sollte ich mit ihm immer so arbeiten, dass er kontrollierbar und klar im Kopf bleibt. Da es so leicht ist, diese Hunde anzuschalten und hochzufahren, legt man hier in der gemeinsamen Arbeit immer den Fokus darauf, dass der Hund in einem angemessenen Erregungsniveau bleibt und es schafft, auch wieder herunterzufahren. Wie so passend im Buch „Aggressionsverhalten beim Hund“ geschrieben steht:

01

02

03

*„Manchmal fällt es schwer, es nachzuvollziehen, aber gerade in unserer Gesellschaft ist es wichtig zu verstehen, dass es mehr Sinn machen kann, nicht die Talente eines Hundes zu fördern, sondern ihm Nachhilfe bei seinen Schwächen zu geben."*

## KONTROLLIERT EINSETZEN

Das Ziel des Beuteeinsatzes im Hundesport ist eine kontrollierte und gezielte Belohnungsform, die in Abhängigkeit zum Besitzer und unter dessen Kontrolle steht, und niemals das kopflose und unkontrollierte Hinterherhetzen des Objekts. Manche Hunde neigen sonst schnell dazu, eine Sucht zu entwickeln. Das sind die sogenannten Balljunkies, die mit weit aufgerissenen Augen, großen Pupillen und schnell wedelnder Rute an nichts anderes denken können als an das Objekt ihrer Begierde und sich dabei sogar oft in Gefahr bringen, weil sie im Rausch ihre Umgebung ausblenden.

## SPIELREGELN ERKLÄREN

Viele Trainer verbieten daher das Beutespiel pauschal, was ich persönlich als großen Verlust empfinde. Denn gerade im Beutespiel können Regeln erklärt und Kompetenzen geschult werden. Man kann gemeinsam an

*01 Das gemeinsame Spiel macht Spaß ...*

*02 ... und stellt für viele Hunde eine besonders große Belohnung dar.*

*03 Gleichzeitig müssen die Spielregeln geklärt sein, damit es kontrollierbar bleibt.*

*Für das kontrollierte Beutespiel eignen sich vor allem Objekte mit greifbarer Verlängerung.*

die Grenzen gehen, um zu analysieren, in welchen Momenten man den Zugang zu seinem Hund verliert, und diese Grenze ausweiten, was bei richtiger Umsetzung auch im erzieherischen Sinn Früchte trägt. Der Hund lernt Impulskontrolle, Selbstregulation und seinen Besitzer mit einzubeziehen. Das Spiel funktioniert nur gemeinsam und bei Beachtung der aufgestellten Spielregeln. Beispielsweise: „Wenn du meine Hand statt der Beute erwischst, ist das Spiel vorbei.“ Oder: „Wenn ich die Beute nicht freigegeben habe, darfst du sie dir nicht nehmen.“ Somit ist Spielen auch immer ein kommunikativer Prozess. Gleichzeitig gilt, dass im Spiel auch mal Grenzen überschritten werden dürfen, die sonst klar sind. Welche Grenzen das sind, entscheidet jedes Mensch-Hund-Team selbst. Es darf vielleicht geknurrt, geschubst und gebellt werden. Das Verhältnis zwischen Nähe und Distanz verändert sich. Darf der Hund einen im Alltag nicht anspringen, ist es im Spiel jedoch erlaubt. Ist das Spiel beendet, gelten wieder die Alltagsregeln. Das können Hunde sehr gut trennen.

## BALL ALS SPIELZEUG?

Für das gemeinsame Beutespiel bietet sich ein Spielzeug an, das sowohl vom Hund als auch vom Halter festgehalten werden kann. Häufig kommt die Frage auf, ob sich auch ein einfacher Ball als Belohnungsmittel eignet. Die Antwort ist, wie so oft, ein Jein. Der Ball kann eine hochwertige Belohnung darstellen, wenn einige Kriterien erfüllt sind.

- Der Hund hat das Apportieren zuverlässig gelernt und bringt den Ball „ohne Diskussionen“ zurück.
- Er versucht nicht, den Ball vor seinem Besitzer in Sicherheit zu bringen und damit wegzurennen.
- Er beherrscht das Aus-Signal.
- Er lässt sich davon abhalten, zu versuchen, sich den Ball ungefragt zu nehmen.
- Er bleibt so klar im Kopf, dass er trotz der nahenden Belohnung konzentriert arbeiten kann.

Sind diese Kriterien nicht erfüllt, kann man natürlich so daran arbeiten, dass der Ball in Zukunft ebenfalls als Belohnung eingesetzt werden kann. Besser für das gemeinsame Spiel ist häufig eine Beute, die beide gut greifen können. So hat man die Möglichkeit, beim Menschen zu belohnen und nicht, wie beim Ball, vom Menschen weg. Es kommen viele wichtige soziale Aspekte hinzu, wie die Stimme, Berührungen und das Spielen um die Beute.

## RICHTIG SPIELEN

Der Besitzer macht den Hund aufmerksam und hält das Spielzeug auf den Boden. Jetzt kommt es oft auf die richtige Technik an, damit der Vierbeiner sich auf das Spiel einlassen kann. Das Zergel sollte immer vom Hund weg und über den Boden bewegt werden. Spielt man auf den Hund zu, legen viele Vierbeiner den Rückwärtsgang ein und wenden sich ab. Man kann die Bewegung mit dem Fluchtweg einer Maus oder eines Hasen vergleichen. Sie versuchen, vor dem Hund wegzulaufen und schlagen flink kleine Haken. Es darf ruhig ein wenig schwierig für den Vierbeiner sein, das Zergel zu erwischen, um dann gemeinsam daran zu ziehen. Ein Spiel zeichnet sich dadurch aus, dass die Rollen immer wieder wechseln. So darf mal der Hund das Zergel erbeuten, ein andermal bleibe ich als Mensch hartnäckig dran und gewinne es vielleicht sogar. Ich darf meinen Hund natürlich auch spielerisch jagen oder vor ihm weglaufen. Man kann versuchen, das Zergel zurückzuerobern und sich anpirschen – zunächst einmal ist alles erlaubt, was beiden Spaß macht. Wenn jedoch entschieden wird, dass das Spiel zu Ende ist, muss das für den Besitzer durchsetzbar sein. Um die Motivation möglichst hochzuhalten, können wir an dieser Stelle das Prinzip „State of mind“ (S. 69) anwenden und immer dann aufhören, wenn es gerade am schönsten ist. So halte ich die Wahrscheinlichkeit recht hoch, dass der Hund auch beim nächsten Spiel gern wieder dabei ist. Häufig wird der Fehler gemacht, den Hund zu sehr zu bitten, mit uns zu spielen. Es ist uns sozusagen „zu wichtig“ und der Hund merkt diesen Anspruch in uns. Manche Hunde haben auch schlicht und ergreifend keine Lust auf ein Beutespiel, und auch das sollten wir akzeptieren und auf eine andere Belohnungsform zurückgreifen.

*Nur weil der Ball geworfen wird, ...*

*... ist das nicht automatisch eine Freigabe für den Hund.*

01

## SOZIALE ZUWENDUNG

Zuwendung als Bestätigung wird überhaupt nur selten und häufig verkehrt eingesetzt, und das, obwohl es eine sehr authentische und intensive Art der Belohnung ist. Leider sorgen Missverständnisse immer wieder dafür, dass die Botschaft des Senders beim Empfänger anders ankommt. Ein kräftiges Klopfen auf die Schulter oder das schnelle Streicheln über den Kopf ist für viele Hunde eher eine unangenehme Berührung, auch wenn sie mit der Zeit oft lernen, wie wir den „Übergriff" meinen. Das gilt wie immer nicht für jeden Hund, daher ist es umso wichtiger, seinen Hund zu lesen. Beobachtet man die Körpersprache des Vierbeiners bei diesem Ritual genau, erkennt man schnell, ob es sich um Unbehagen oder Wohlbefinden handelt. Sehr hilfreich ist es, sich bei der sozialen Interaktion mit dem eigenen Hund filmen zu lassen und im Anschluss die Reaktionen in Zeitlupe zu analysieren. Mit einem geschulten Auge fällt es einem dann später deutlich leichter, den Hund direkt in dem Moment zu lesen und das eigene Verhalten entsprechend anzupassen.

### WENNS NICHT SO GUT ANKOMMT

Oft beobachtet man während des sozialen Lobes, dass es eher dem Besitzer gefällt als dem Hund. Dieser dreht oder duckt sich vor der Hand weg, wendet den Blick ab, legt die Ohren an, blinzelt mit kleinen Augen, züngelt oder versucht sich vom Besitzer mit seinem ganzen Körper zu entfernen. In vielen Fällen wird er dann noch festgehalten. All diese Ausdrücke sind Signale der passiven Demut, also Ausdruckssignale, die wir bei einer Korrektur unsererseits dem Hund gegenüber erwarten. Einige Hunde reagieren auch mit aktiver Demut und schlecken ihrem Besitzer hektisch von unten Richtung Mundwinkel durch das Gesicht. All diese Signale muss ich als Besitzer lesen können, denn wir erreichen gerade genau das Gegen-

02

01 *Das soziale Lob ist in einer guten Mensch-Hund-Beziehung sehr wertvoll.*

02 *Die Botschaft, „Ich bin stolz auf dich!" ist eine sehr intensive Form des Lobens.*

teil von dem, was wir eigentlich wollten. Wir fügen etwas für den Hund Unangenehmes hinzu statt etwas Angenehmes. Das zeigt uns der Hund in den meisten Fällen sehr deutlich, doch nicht immer zeigen Hunde diese Signale so ausgeprägt, und gleichzeitig werden manche Verhaltensweisen, wie das Schlecken über die Nase, gern überinterpretiert. Hier empfehle ich, den Hund zu beobachten, die eigenen Lobrituale zu hinterfragen und auf das eigene Bauchgefühl zu hören.

## WENNS GEFÄLLT

Gefällt dem Hund die soziale Zuwendung, dann sucht er aktiv unsere Nähe, drückt sich an seinen Menschen und rückt nach, wenn man sich unmittelbar nach dem Lob etwas entfernt. Dabei ist der ganze Körper locker und weich. Manche Hunde tänzeln auf der Stelle, lassen sich gern den hinteren Rücken am Rutenansatz kraulen und atmen geräuschvoll. Doch nicht nur die Beobachtung ist wichtig, sondern vor allem das passende Gefühl dazu – auf beiden Seiten! Ein soziales Lob, das wir selbst nicht so meinen, kann auch beim Hund nicht als solches ankommen. Die Authentizität beim Loben spielt daher eine große Rolle. Ist man wirklich stolz auf seinen Hund? Freut man sich über sein Verhalten und strahlt das auch aus? Bei vielen Hunden ist dann die Art der Berührung gar nicht mehr so entscheidend.

## SOZIALES FEEDBACK

Viel zu selten wird uns die Bedeutung unseres sozialen Feedbacks im Hundetraining bewusst. Von Anfang an lernen wir, Futter richtig einzusetzen und die Grundlagen der Konditionierung zu verstehen. Doch das Elementarste, unsere soziale Rückmeldung an den Hund, sowohl im positiven als auch im negativen Sinn, haben wir auch durch unsere Gesellschaft teilweise verlernt. Es fällt uns schwer, Nein zu sagen und es auch so zu meinen, geschweige denn, es körperlich bei unserem Hund durchzusetzen. Umgekehrt fühlen wir uns oft unwohl, wenn wir aus uns herausgehen sollen. Mit dem Hund rennen, lachen und mit ihm albern sein sollen. Hunde mögen authentisches Feedback und das können wir im Training wunderbar nutzen. Hat mein Hund die Aufgabe erfolgreich gemeistert, dann ist es viel mehr wert, wenn wir uns beim Füttern oder Zergeln oder auch einfach direkt im Anschluss daran authentisch freuen, mit ihm rennen oder lachen. Die Belohnungsformen können nämlich hervorragend miteinander kombiniert werden.

Auch hier gibt es wieder Hundetypen, die mit zu viel Euphorie nichts anfangen können, und andere, die dann zu sehr aufdrehen. Es ist immer wieder wichtig, seinen Hund zu lesen und das eigene Verhalten an dessen Charakter anzupassen, wenn man ihm eine optimale Trainingsgrundlage bieten möchte. Aber auch der Besitzer ist Teil der sozialen Einheit und darf seine Eigenheiten einbringen. Der Rat ist, nicht zu verkopft an die Sache heranzugehen, viel Gefühl mitzunehmen und dann auszuprobieren, was für das jeweilige Mensch-Hund-Team am besten geeignet ist und vor allem: was sich authentisch anfühlt. Wie so oft und bereits erwähnt gilt: Es muss beiden gefallen – Mensch und Hund.

## DAS SOZIALSPIEL

Stundenlang könnten wir unseren Hunden dabei zusehen, wie sie mit ihren Artgenossen über die Wiese rennen, toben und balgen. Häufig kennen die Hunde deswegen das gemeinsame Spiel mit anderen Hunden sehr gut, mit ihrem Besitzer jedoch wenig bis gar nicht, dabei hat es viele positive Auswirkungen auf die Beziehung. Wer miteinander spielt, lernt sich kennen. Individuelle Grenzen werden ausgetestet, Vorlieben erkannt, Kräfte gemessen und Vertrauen geschaffen. Gespielt wird in entspannter Atmosphäre und mit wechselnden Rollen. Es darf gerannt, geschubst, gesprungen und geknurrt werden – erlaubt ist das, was beiden Spaß macht. Dieses Mal ganz ohne Beute und Futter, nur mit dem eigenen Körper, auf allen vieren oder im Stehen, im Liegen oder laufend. Viel wichtiger als irgendeine Technik ist die Atmosphäre und das passende Gefühl zu der Situation. Mal jagt man, mal flieht man. Mal wirft man sich selbst auf den Rücken und dann ringt man den Hund zu Boden. Mit der Hüfte remple ich ihn an oder ahme mit den Händen ein Maulrangeln nach. Viele Hunde beginnen ein Spiel, wenn man ihre Vorderbeine mit den Händen fängt. Andere brauchen einen gewissen Spannungsaufbau über ein Anpirschen auf Distanz mit einer anschließenden ruckartigen Spielaufforderung. Bei Hunden nennt man dies Vorderkörpertiefstellung oder Playbow und es kann besonders häufig zu Beginn eines Spiels beobachtet werden. Das Sozialspiel kann, aber muss nicht als Belohnung eingesetzt werden. Es darf immer wieder ohne ein Ziel und einen Sinn stattfinden, einfach weil es Freude bereitet.

## SELBSTBELOHNENDES VERHALTEN

Die letzte hier genannte Belohnungsform ist die ursprünglichste, da sie auf die intrinsische Motivation des Hundes zurückgreift. Wir finden sie bei den typischen Arbeitsrassen stark ausgeprägt. Ein Border Collie fühlt sich bereits durch das Arbeiten an der Schafsherde so belohnt, dass es keiner zusätzlichen Bestätigung von außen bedarf. Ebenso verhält es sich mit dem Vorstehen des Vorstehhundes, dem Graben des Dackels im Dachsbau und dem Apportieren bei Retrieverrassen.

### GENETISCH VERANKERT

All diese Verhaltensweisen sind bei bestimmten Rassen durch züchterisches Eingreifen des Menschen bereits genetisch als selbstbelohnende Verhaltensweisen verankert und somit sehr zuverlässig abruf- und einsetzbar. Die sich selbstbelohnenden Elemente stammen dabei aus dem ursprünglichen Verhalten des Hundes und wurden

*Zuwendung hat viele Gesichter: Besonders intensiv sind die Momente mit unseren Hunden, …*

*… in denen man ohne Futter, Spielzeug oder andere Reize Freude aneinander hat.*

durch präzise Selektion so weit verstärkt, dass sie in der freien Wildbahn keinen Sinn mehr ergeben würden, für die Arbeit mit dem Menschen aber besonders wichtig waren. Das „Eye" beim Border Collie stammt aus dem Anschleichen und Fixieren des Hundes kurz vor dem Hetzen des Beutetieres und ist somit eine hypertrophierte Sequenz aus dem Jagdverhalten. Ebenso verhält es sich mit dem Vorstehen bei den dafür typischen Rassen wie dem Deutsch Kurzhaar oder dem Pointer.

Beim Malinois ist es das Packen und Totschütteln der Beute, das besonders herausgezüchtet wurde, um diese Hunde als zuverlässige Dienst- und Gebrauchshunde einzusetzen. Das Verhalten dieser Rassen ist dabei so selbstbelohnend, dass sie auch vor Gefahren oder Schmerzen selten zurückschrecken.

## IM SPORT EINSETZEN

Es ist wichtig, den Hund, mit dem man in den Parcours geht, zu kennen und einschätzen zu können. Manche Rassen empfinden das reine Rennen als so selbstbelohnend, dass sie keine Bestätigung mehr von außen brauchen oder diese sogar als Bestrafung empfinden, weil sie stehen bleiben müssen. In meinen Kursen gab es diesen Fall einmal mit einem Berger des Pyrénées. Sobald er das Curvingfeld betrat, hatte er solche Freude am Rennen, dass er sich seine Parcours einfach selbst aussuchte. Es gab für ihn keinen Anlass, seiner Besitzerin zuzuhören, weil er nicht nachträglich belohnt werden konnte. Das Rennen an sich war selbstbelohnend. Erst als er sich bei Fehlern sofort hinlegen musste, konnte er den Sinn einer Zusammenarbeit verstehen und sich an seiner Besitzerin orientieren.

# DIE LEHRMETHODEN

**Nun haben wir die verschiedenen Belohnungsformen kennengelernt, mit denen wir während der Konditionierung arbeiten können. Jetzt schauen wir uns an, wie wir dem Hund überhaupt erst einmal erklären können, welches Verhalten wir uns von ihm wünschen.**

Es gibt verschiedene Möglichkeiten, dem Hund ein Verhalten beizubringen. Für das Curvingtraining greifen wir auf zwei dieser Varianten zurück: das Locken und das Targettraining.

## LOCKEN UND SHAPING

Über das Locken ziehen wir den Hund genau in die Position, die wir bei der jeweiligen Aufgabe benötigen. Der Hund lernt so, dass sich die Position oder das Verhalten für ihn lohnen. Den Hund in eine gewünschte Position zu locken, ist eine sehr gängige und erfolgreiche Methode, die ihm auf direktem Weg aufzeigt, welche Verhaltensweise zum Erfolg führt und wenig fehleranfällig ist, sofern man einen kleinschrittigen und klaren Trainingsplan aufstellt. Theoretisch kann das gewünschte Verhalten auch über das Free Shaping aufgebaut werden. Hierbei nimmt der Hundebesitzer eine passive Rolle ein und lässt seinen Hund so lange ausprobieren, bis er richtige Tendenzen zeigt. Dieser Moment wird markiert und belohnt. Was genau das Markieren bedeutet, wird in der Lektion „Das Markersignal" nochmal intensiv beschrieben. Das Prinzip ähnelt dem Spiel Topfschlagen, wobei das Wort „warm" mit dem Markersignal und der Belohnung gleichgesetzt wird und das Wort „kalt" mit einem schlichten Ignorieren. Soll der Hund zum ersten Mal die Stange umrunden, markiert und belohnt man zunächst das aktive Interesse an der Stange und wird dann in der Verstärkung immer präziser, so lange, bis der Hund die Stange umrundet. Free Shaping setzt Geduld und Präzision des Hundehalters voraus und sollte zunächst mit kleineren Aktionen geübt werden. Hat der Hund erst einmal verstanden, dass seine Kreativität gefragt ist, wird er aktiv ausprobieren und testen, welche Verhaltensweisen Erfolg bringen. In diesem Buch werden die Übungen jedoch über das Locken aufgebaut, was nicht bedeutet, dass nicht auch andere Methoden zuverlässig zum Erfolg führen: Bekanntlich führen ja viele Wege nach Rom und Hundetraining darf und sollte gern individuell gestaltet werden.

## TARGETTRAINING

Eine weitere Methode, die wir in diesem Buch verwenden, ist das Targettraining. Es erfreut sich im Hundetraining ebenfalls großer Beliebtheit. Ein Target kann alles sein, was der Hund mit einem Körperteil, hauptsächlich den Pfoten und der Nase, berühren kann. Je nach Verwendungszweck und Art benennt man die Targets gern nach ihrer Funktion: Nasentarget, Pfotentarget, Targetstick, Bodentarget sind nur einige Beispiele. Beim Curven setzen wir unsere Hände als Nasentarget ein. Das bedeutet, dass der Hund lernt, die Handflächen mit seiner Nase zu berühren, sodass der Curver ihn später darüber gezielt bewegen kann. Im Laufe des Trainings wird die Handhilfe so modifiziert, dass das Verhalten nur noch angedeutet und nicht mehr zu Ende geführt wird. Der Hund bewegt sich zur Handfläche hin, wird aber vor der Berührung über nachfolgende Signale weitergeschickt. Im Kapitel „HandTouch“ werden wir die Theorie in der Praxis ausprobieren.

## DAS TIMING

Ein gutes Training steht und fällt mit der Dauer zwischen dem richtigen Verhalten des Hundes und der Belohnung. Wer präzise und angemessen verstärkt, wird schnelle Erfolge verbuchen. Fehler im Timing hingegen führen oft zu Missverständnissen und Frustration. Deswegen ist es so wichtig zu verstehen, wie Hunde lernen und wann der richtige Moment für die Belohnung ist. Denn nur ein bis zwei Sekunden bleiben uns, um den Hund zum optimalen Zeitpunkt zu belohnen. Wer da noch in der Jackentasche nach den Leckerchen suchen muss oder diese sogar im Rucksack vergessen hat, ist eindeutig zu spät. Deswegen ist eine gute Vorbereitung entscheidend für die Qualität des Trainings. Ein Futterbeutel oder ein griffbereites Spielzeug sind die Grundvoraussetzung für ein gutes Timing im Training. Aber manchmal ist man einfach zu weit weg für diese kurze Zeitspanne. Deswegen bietet es sich an, mit dem sogenannten Markersignal zu arbeiten.

01

*01 Der Nasentarget: Die offene Handfläche wird zum Signal für den Hund.*

*02 Sobald die Nase die Handfläche berührt, ertönt das Markersignal. Er lernt, der Hand zu folgen.*

02

01

02

*01 Der Clicker klingt immer gleich – das ist ein Vorteil im Training.*

*02 Der Hund verknüpft eine Belohnung mit dem Markersignal.*

## DAS MARKERSIGNAL

Der Name verrät bereits die Funktion dieses Signals: Etwas wird markiert. Und zwar die gerade gezeigte Verhaltensweise in genau diesem Moment. Der Hund lernt vorab, dass das Markersignal eine Belohnung ankündigt. Das bekannteste Beispiel dafür ist der Clicker, doch es kann auch ein beliebiges anderes Geräusch verwendet werden. Ich persönlich schnalze mit der Zunge in der Naharbeit und sage ein lautes „Yes", wenn der Hund weiter entfernt arbeitet. Wichtig ist ein kurzes, immer gleich klingendes Geräusch, das neutral ausgesprochen oder erzeugt wird. Der Clicker hat den Nachteil, dass er immer eine Hand „besetzt", dennoch lässt er sich beim Aufbau einzelner Curvingelemente gut in der Führhand zwischen Handfläche und Daumen halten. Ein großer Vorteil ist die Neutralität des Geräusches. Vielen Menschen fällt es zunächst schwer, das Markersignal in unterschiedlichen Situationen immer gleich auszusprechen, sodass es seinen hohen Wiedererkennungswert behält. Diese Problematik fällt beim Clicker weg. Es ist daher Geschmackssache, für welche Art von Geräusch man sich entscheidet.

### DAS MARKERSIGNAL AUFBAUEN

Der Aufbau des Markersignals ist denkbar einfach. Wer seinen Hund beim Öffnen der Kühlschranktür, beim Anheben des Schlüssels oder dem Rascheln des Futtersacks innerhalb weniger Sekunden neben sich stehen hat, hat das Prinzip bereits erfolgreich angewandt: die klassische Konditionierung. Der Hund lernt, dass bestimmte Reize, in diesem Fall ein Geräusch, an andere Aktionen gekoppelt sind. Das Rascheln des Futtersacks ist mit dem Fressen verbunden, das Öffnen der Kühlschranktür mit einem kleinen Snack und das Klimpern des Schlüsselbunds kündigt einen gemeinsamen Spaziergang an.

## DAS BELOHNUNGSVERSPRECHEN

Unsere Hunde lernen diese Zusammenhänge im Alltag oft erstaunlich präzise und bauen unbewusst eine Erwartungshaltung auf. Die physiologischen Prozesse dahinter werden von den Hunden nicht bewusst gesteuert und können dementsprechend auch nicht von ihnen beeinflusst werden. Das machen wir uns beim Markersignal zunutze und bringen dem Hund bei: Ertönt dieses Geräusch, erhältst du eine Belohnung. Nach mehrfacher Wiederholung löst somit bereits das Geräusch die freudige Erwartungshaltung auf die Belohnung aus.

## SO GEHT´S

Ausgestattet mit einigen leckeren Snacks für den Hund starte ich das Training in einer reizarmen Umgebung und bereite mich gut vor: Welches Signal verwende ich ab jetzt? Ich erinnere mich auch nochmal daran, dass mir nur etwa eine Sekunde bleibt, um den Hund zu bestätigen. Das Futter habe ich also bereits griffbereit. Sobald das Markersignal ertönt, erhält der Hund ein Leckerchen. Er muss dafür nichts tun, sollte jedoch mit seiner Aufmerksamkeit bei mir sein. Diese für den Hund sehr angenehme Übung wiederhole ich einige Male hintereinander und dann zwei bis drei Mal pro Tag. Nach kurzer Zeit hat der Hund das Geräusch mit der Futtergabe verknüpft und er erwartet eine Belohnung. Ab diesem Punkt kann das Markersignal in das Training eingebunden werden. Sobald das richtige Verhalten gezeigt wird, ertönt es und kündigt das Futter an. Daraus ergibt sich der Vorteil, dass nicht mehr innerhalb von einer Sekunde belohnt werden muss. Da das Markersignal das richtige Verhalten bereits im passenden Moment markiert hat, kann die Belohnung nun auch einen Moment später kommen. Der Hund weiß ja bereits, was er richtig gemacht hat.

*Futter lässt sich sehr variabel als Belohnung einsetzen.*

## ZEITRAUM ÜBERBRÜCKEN

Man kann sich das Prinzip wie eine Brücke vorstellen, die den Zeitraum zwischen richtigem Verhalten und direkter Belohnung im wahrsten Sinne des Wortes „überbrückt“. Zu verstehen, wie Konditionierungen funktionieren und wie man sie einsetzen kann, ist der eine Teil für ein erfolgreiches Training. Der andere Teil befasst sich mit der Beziehung zum Hund und der darauf aufbauenden Erziehung. Bevor man mit dem Training beginnt, sollte man sich fragen, wie viel Zugriff man in verschiedenen Situationen auf seinen Hund hat. Weshalb sollte mein Hund mir im Parcours zuhören, wenn er es im Alltag nicht tut? Weshalb sollte er mir das Spielzeug nach der Übung bringen, wenn er zu Hause damit stiften geht? Weshalb sollte es mir gelingen, einen erregten Hund während einer Sporteinheit zu beruhigen, wenn ich es nicht schaffe, sobald es an der Haustür klingelt? Mit Vernunft zu curven bedeutet daher viel mehr, als sich die Sporthose anzuziehen und den Futterbeutel auszupacken. Es ist in der Basis immer eine Arbeit an der Beziehung zu seinem Hund. Und die beginnt damit, zu verstehen, was man einander mitteilen möchte.

# DIE KOMMUNIKATIONSBASIS

**Wie gut die Beziehung zwischen einem Menschen und seinem Hund ist, hängt entscheidend von der Qualität der Kommunikationsbasis ab. Je weniger Missverständnisse es im gemeinsamen Zusammenleben durch Unklarheiten in der Kommunikation gibt, desto weniger vermeidbare Konflikte entstehen.**

Bedürfnisse werden geäußert und verstanden, Nöte kommuniziert, Grenzen erklärt und Zuneigung ausgedrückt. Einschätzen zu können, was der andere denkt und fühlt, sorgt für Zuverlässigkeit und Sicherheit. Wie unangenehm ist das Gefühl, auf der neuen Arbeitsstelle alles richtig machen zu wollen, aber nicht zu wissen, was gewünscht ist?

## GUTER CHEF

Und wie angenehm ist es im Gegensatz dazu, wenn der Chef direkt freundlich und klar vermittelt, welche Aufgaben man hat und welches Endergebnis in etwa erwartet wird? Wenn man dann noch einen gewissen kreativen Spielraum für die Selbstverwirklichung erhält, ist der Chef besonders gut! Zu wissen, dass man ungewollte Konflikte verhindern kann, gibt einem das Gefühl, die Kontrolle über die Situation zu haben – man fühlt sich sicher. Wenn man sich dennoch dafür entscheidet, lieber eine andere Aufgabe zu erledigen als die gewünschte, kalkuliert man den Rüffel des Chefs bereits mit ein und hat sich bewusst dafür entschieden. Man behält weiterhin die Kontrolle über die Situation, da das Ergebnis für einen vorhersagbar ist. Genauso geht es unseren Hunden, und aus ebendiesem Grund ist es so wertvoll, gemeinsam eine gute Kommunikationsbasis zu schaffen.

## DIREKTE KOMMUNIKATION

Kommunikation ist ein sehr komplexes Konstrukt, das über viele Ebenen funktioniert und im sozialen Gefüge für Klarheit und Sicherheit sorgt. Während Menschen sehr gut darin sind, viele indirekte Signale zu senden oder sich im Widerspruch zu ihrem eigentlichen Befinden auszudrücken, sind unsere Hunde hingegen sehr direkt und gradlinig. Das freut, verletzt oder nervt uns manchmal, ist aber vor allem eines: angenehm unkompliziert.

## INFOS WAHRNEHMEN

Zunächst ist es wichtig, zu verstehen, wie unsere Hunde die Informationen ihres Gegenübers wahrnehmen und inwieweit sie sich darin von uns unterscheiden. Grundsätzlich sind Hunde mit den gleichen Sinnen ausgestattet wie wir Menschen und nehmen äußere Reize somit über die Augen, die Ohren, die Nase, die Zunge und den Tastsinn wahr.

| | |
|---|---|
| **Visuell** | Mit den Augen |
| **Auditiv** | Mit den Ohren |
| **Taktil** | Mit dem Tastsinn |
| **Olfaktorisch** | Mit der Nase |
| **Gustatorisch** | Mit der Zunge |

Dennoch unterscheidet sich die Wahrnehmung der Umwelt unserer Hunde von der des Menschen. Das liegt vor allem daran, dass die Verwendung der einzelnen Sinne unterschiedlich stark ausgeprägt ist.

## VISUELLE KOMMUNIKATION

Die größte gemeinsame Basis ist die visuelle Kommunikation. Obwohl uns Menschen das oft gar nicht bewusst ist, drücken wir sehr viel über unsere Körpersprache aus. Zwar konzentrieren wir uns bewusst auf die Worte unseres Gegenübers und nutzen somit den auditiven Kanal, unterbewusst nehmen wir jedoch viele feine Nuancen unseres Gesprächspartners wahr, die in den visuellen Bereich fallen. Wir erkennen die Haltung, die ein Mensch einnimmt, verstehen seine Mimik und seine Bewegungen. Weicht jemand dem direkten Blick aus, verlagert immer wieder seinen Körperschwerpunkt und lässt die Schultern hängen? Oder sieht uns jemand im Gespräch in die Augen, steht mit beiden Beinen fest auf dem Boden und hat eine aufrechte Körperhaltung – all das hat eine Wirkung auf uns im Gespräch und erzählt uns noch viel mehr, als wir dem gesprochenen Wort entnehmen.

## OLFAKTORISCHE KOMMUNIKATION

Unsere Hunde kommunizieren zwar auch über den auditiven Kanal, aber in wesentlich geringerem Umfang als wir Menschen. Dafür verwenden sie bekanntermaßen den olfaktorischen Kommunikationskanal und tauschen über Gerüche wichtige Informationen aus. Das können wir leider hauptsächlich unbewusst, wenn Hunde beispielsweise riechen, dass wir ängstlich sind. Wenn wir nun die Kommunikation über den Geschmackssinn einmal außen vor lassen, da er in unserem Fall keine Rolle spielt, bleibt uns noch der Austausch über Berührungen.

## BERÜHRUNGEN

Hunde nutzen diesen Kanal auf eine sehr differenzierte Art und Weise, die den ein oder anderen Hundebesitzer Überwindung kostet. Denn es gehören nicht nur Liebkosungen und spielerische Rangeleien dazu, sondern auch das Setzen von Grenzen über den eigenen Körper. Den Hund bei Korrekturen zu berühren, stellt sich bei vielen Mensch-Hund-Teams im Alltag als besonders schwierig heraus, da wir in unserer Gesellschaft weitestgehend verlernt haben, körperlich Grenzen aufzuzeigen. Was bei uns zunehmend und immer weitreichender als Tabu gilt, ist unter Hunden eine ganz normale und wichtige Kommunikationsform, die für Harmonie und Klarheit in der Gruppe sorgt.

## WAS HAT DAS MIT CURVING ZU TUN?

Der ein oder andere fragt sich an dieser Stelle vielleicht, was die taktile Kommunikation, genauer das Setzen von Grenzen darüber, eigentlich mit Curving zu tun hat. Auch hier kommen wir immer wieder zu dem Fundament des Hundesports – der Beziehung und somit auch der gemeinsamen Kommunikationsbasis. In kleinen Schritten erarbeiten wir uns mit dem Hund die ein-

zelnen Aktionen, Figuren und Parcours. Dabei greifen wir automatisch immer auf die zuvor genannten Kommunikationskanäle zurück. Sei es ein Lächeln, ein verbales Lob oder eine Streicheleinheit.
Zudem führen wir den Hund im gesamten Parcours über unsere Stimme und vor allem über unsere Körpersprache. Dass dabei der auditive Kanal eine kleinere Rolle spielt als der visuelle, ist für viele Menschen erst einmal eine Umstellung.
Wenn der Hund während der Arbeit in den Arm seines Besitzers fasst, um diesen zu maßregeln, ist das eine Grenze, die überschritten und korrigiert wird. Wenn der Hund im Parcours ausbricht, um an der Curvingstange zu markieren, ist das eine Missachtung der Regel, die über die visuelle, auditive und/oder taktile Kommunikation erklärt werden sollte. Wer hier im positiven Bereich bleibt und über Ablenken, Umlenken und Ignorieren arbeitet, hat sicherlich auch Erfolge, erklärt seinem Hund jedoch nicht, welches Verhalten nicht erwünscht ist, und riskiert, in höheren Erregungslagen seines Hundes in Frage gestellt zu werden.

*01 – 02 Beim Curven spielt vor allem die visuelle Kommunikation eine Rolle.*

*03 – 04 Dafür halten Mensch und Hund so intensiv wie möglich Blickkontakt.*

# ERZIEHUNG VERSUS DRESSUR

**Über die Methoden in der Hundeerziehung spalten sich die Geister. Dabei haben die meisten Methoden durchaus ihre Berechtigung, und die Methodenvielfalt kann gut dazu genutzt werden, individuell mit jedem Mensch-Hund-Team zu arbeiten.**

## DIE DRESSUR

Im Laufe meiner Arbeit mit Hunden konnte ich viele Erfahrungen sammeln und verschiedene Methoden kennenlernen. Konditionierungen geben uns die Möglichkeit, dem Hund ein gewünschtes Verhalten beizubringen, ihn sozusagen zu dressieren. Das ist keineswegs negativ gemeint. Durch diese Art der Dressur, die den meisten Hunden viel Freude bereitet, kann man unheimlich fein und präzise arbeiten. Trickdog ist ein gutes Beispiel dafür, aber auch der Obediencesport. Diese Methode nutzen wir auch, um dem Hund die Regeln beim Curven beizubringen. Die klassische Konditionierung haben wir über das Markersignal bereits kennengelernt. Die operante Konditionierung in der Dressur basiert darauf, dass ein Verhalten für den Hund erfolgsversprechend ist und er es daher öfter, oder auf ein Signal hin, zeigt. Dieses Prinzip kennt jeder Hundehalter, der seinem Hund das Sitz mithilfe positiver Verstärkung beigebracht hat oder, schlicht und ergreifend, wer seinen Hund beim Betteln am Tisch beobachtet. Denn der hungrige Kulleraugenblick hat sich einige Male gelohnt. Über Konditionierungen können wir unseren Hunden also sehr viele Verhaltensweisen auf eine positive Art und Weise beibringen – das macht den gemeinsamen Alltag gerade in unserer heutigen Zeit, mit vielen Anforderungen an unsere Hunde, oft leichter. Doch Konditionierungen sind nur ein kleiner Teil des Zusammenlebens mit dem Hund. Sie sind nicht unbedingt notwendig, sondern vielmehr praktisch und hilfreich.

## DIE ERZIEHUNG

Vielmehr ist die Beziehung zwischen Hund und Halter die Basis jeder Erziehung. Aber wo ist nun genau der Unterschied? Hunde brauchen kein Sitz- oder Platzsignal, um erzogen zu sein. Sie müssen dafür keine Worte aus unserer Sprache lernen oder mit erhobenem Kopf bei Fuß laufen. All das sind Helfer, die uns den Alltag mit unserem Hund deutlich erleichtern können und vor allem für uns Menschen leichter umsetzbar ist.

Doch das, was die eigentliche Erziehung ausmacht, ist eine intakte Beziehung und die soziale, direkte und authentische Kommunikation. Eine klare Körpersprache, über die wir Grenzen setzen und Grenzen öffnen können. Über die wir ein deutliches Ja und ein ebenso deutliches Nein kommunizieren können. Der Hund muss nicht sitzen, um zu verstehen, dass er auf Abstand bleiben soll.

## GRENZEN RESPEKTIEREN

Aber er muss diese Grenze respektieren – ob er dabei steht, sitzt oder liegt, ist nebensächlich. Und dafür muss er mir als Führungspersönlichkeit in unserer Beziehung zum einen vertrauen und zum anderen meine Entscheidung respektieren. Die Erziehung und somit das Führen meines Hundes ist also ein wichtiger Teil einer guten Mensch-Hund-Beziehung. Sie funktioniert auch ohne Futter und Spielzeug. Denn sie ist sozial motiviert und braucht keine Hilfsmittel. Die Dressur baut dann, wenn gewünscht, auf der Erziehung auf und kann von Anfang an wunderbar integriert werden. Richtig eingesetzt kann man sie in den oben genannten Bereich „schöne und spaßige Interaktionen" einordnen, wovon die Beziehung stark profitieren kann. Ein Weg ist somit nicht besser oder schlechter als der andere. Nur kann die reine Erziehung ohne die Dressur bestehen, während eine reine Dressur ohne Erziehung oberflächlich ist, wie eine Hülle ohne Kern. Es fehlt der Inhalt. Dann geht es nicht mehr um die gemeinsame Interaktion, sondern der Hund benutzt seinen Menschen als Türöffner zum Agilityplatz, als Dosenöffner und Von-der-Leine-Lasser. Hier steht nicht das Soziale im Vordergrund, nicht das Team. Umgekehrt wäre es sehr minimalistisch, den Hund in unserer heutigen Gesellschaft nur zu erziehen, ohne jegliche Form der Dressur. Wer behauptet, es müsse so ablaufen wie in einer Wolfsfamilie über eine reine Nein-Kommunikation, der vergleicht Äpfel mit Birnen. Wölfe und Hunde füttern sich nicht gegenseitig zur Belohnung und es funktioniert trotzdem. Aber die Ansprüche sind auch ganz andere. Dem Hund in der Straßenhundegruppe ist es egal, ob das andere Gruppenmitglied die Mülltonne leert, die Katze jagt oder den Käse aus dem Nachbarshaus vom Frühstückstisch klaut. Er fühlt sich nicht verantwortlich dafür, ob er auf die Straße läuft und vielleicht angefahren wird oder ob er den Jogger verbellt.

## VERANTWORTUNG ÜBERNEHMEN

Als Mensch übernehmen wir diese Verantwortung und es darf und sollte uns nicht egal sein, was unsere Hunde tun. Denn unser schnelllebiger und oft reizüberfluteter Alltag verlangt den Hunden sehr viel ab. Wie wertvoll ist es da, Erziehung und Dressur zu kombinieren und uns und dem Hund das Leben zu erleichtern. Ich kann den Hund körpersprachlich blocken, wenn er auf die Straße läuft, und ich kann ihn ebenso mit Futter oder Spielzeug und durch mein soziales Feedback belohnen, wenn er das gewünschte Verhalten verstanden hat und auf dem Bordstein bleibt. Hundetraining ist so viel mehr als nur Sitz und Platz. So viel mehr als nur Ja oder Nein. Und man kann, wenn man sich darauf einlässt und sich die Arbeit macht, sehr in die Tiefe gehen. Das führt zu einer echten, ehrlichen und abwechslungsreichen Verbindung, die ich jedem Mensch-Hund-Team von Herzen wünsche.
Aber weshalb nutzen wir Konditionierungen oft so viel lieber als die direkte soziale Kommunikation? Die Antwort ist einfach und dennoch tiefgreifend.

*01 – 02 Gerade noch gemeinsam gespielt – nun beanspruche ich das Spielzeug für mich …*

*03 … und erwarte von Ava, dass sie sich abwendet.*

*04 – 05 Im Anschluss folgt eine herzliche Einladung und wir genießen die Nähe.*

# DIE BEZIEHUNG ALS BASIS

**Ehrliche Kommunikation setzt voraus, dass ich sie beherrsche, mich also ausdrücken und die Informationen meines Gegenübers interpretieren kann. Das fällt vielen Menschen schwer und es bedeutet Arbeit, sich in die Sprache unserer Hunde reinzudenken und sie zu lernen.**

Zudem bedeutet ehrliche Kommunikation auch, sich mit negativen Gefühlen wie Ablehnung oder Zurechtweisung konfrontiert zu sehen. Wer Leberwurst vor die Nase seines Hundes hält, hat große Chancen, dass dieser freudig und deutlich folgt. Tut er es nicht, bezieht man die Ablehnung auf die falsche Futterwahl und nimmt es nicht persönlich. Wer seinem Hund hingegen reine Führung an seiner Seite anbietet, wird in dieser gegebenenfalls abgelehnt oder in Frage gestellt. Fakt ist jedoch, dass eine gute und vertrauensvolle Beziehung niemals nur auf Futter oder Spielzeug aufbauen kann.

## BEZIEHUNGSKIT

Materielle Verstärker eignen sich in vielen Fällen als Brücke zu einem Miteinander, können aber eine Kommunikation auf sozialer Ebene nicht ersetzen. Eine gute Beziehung ist stärker als jeder materielle Verstärker, sie ist der Kern, der zwei Lebewesen so fest zusammenhält und das Gefühl echter Verbundenheit im Mensch-Hund-Team auslöst. Eine gute Beziehung zueinander aufzubauen ist der Schlüssel für das Lösen zahlreicher Probleme. Erst, wenn meinem Hund wichtig ist, was ich ihm mitteile, was ich fühle und wie ich mich ihm gegenüber verhalte, kann ich auch auf eine sehr feine und sanfte Art Einfluss auf ihn nehmen.

### VERTRAUEN & ZUVERLÄSSIGKEIT

Gemeinsam Spaß zu haben, ist ein wichtiges Element für einen guten Beziehungsaufbau. Doch es ist nicht das Einzige. In einer guten Beziehung zum Hund spielen Vertrauen und Zuverlässigkeit eine große Rolle, aber auch eine saubere Kommunikationsbasis, eine gesunde Streitkultur und das gegenseitige Wissen, die Entscheidung des Gegenübers auch mal „doof" finden zu dürfen. Denn zu führen bedeutet auch, Entscheidungen in bestimmten Situationen gegen die individuellen Bedürfnisse eines Lebewesens zu treffen, weil diese Entscheidung, im Großen und Ganzen betrachtet sinnvoll ist. Dementsprechend muss der Folgende vertrauen, dass ich die richtigen Entscheidungen treffe, damit es uns als Team gut geht. Darauf vertrauen, dass ich seine Bedürfnisse erkenne und, wenn möglich, in

*Schutz bieten, wenn nötig, ist ein wichtiger Bestandteil des Führens.*

unseren Alltag integriere. Denn geführt zu werden, findet freiwillig statt und nur da, wo ein Lebewesen sich wohl fühlt.

## FÜHREN

Der Begriff des Führens hat durch die deutsche Geschichte eine negative Assoziation in den meisten von uns tief verankert. Doch das Führen und das Sich-führen-Lassen an sich ist vor allem für unsere Schützlinge eine lebensnotwendige Handlung. Eltern führen ihre Kinder so lange, bis sie selbst Verantwortung für sich übernehmen können. Sie zeigen ihnen, was gefährlich und was wichtig ist im Leben, nehmen sie an die Hand und setzen Grenzen, die sie schützen. Man nimmt sich einen Reiseführer im Ausland, dort wo man sich nicht auskennt, um von dessen Erfahrung und dessen Wissen zu profitieren. Und man vertraut diesem Menschen, dass er einen nicht zum Baden an einen See mit Krokodilen führt. Genauso ist es mit unseren Hunden.

## VERANTWORTUNG ÜBERNEHMEN

Wir setzen Grenzen, wir führen unsere Hunde, damit sie nicht vom Auto überfahren werden oder die Medikamente vom Nachttisch stibitzen. Und wir schützen über unsere Führung auch andere Lebewesen wie das Reh, die Nachbarskatze oder die Kinder auf dem Spielplatz. Denn wir übernehmen in dem Moment die Verantwortung für unseren Hund und unsere Gesellschaft, indem wir die Entscheidung treffen, ihn bei uns aufzunehmen.

*01*

## WOHLWOLLEND BEGRENZEN

Das Einfordern von Regeln und Grenzen sollte immer auf Augenhöhe mit dem Hund stattfinden, in wohlwollender Absicht. Wer sich nur gut darin fühlt, ohne Sinn und Verstand Macht und Kontrolle über ein Lebewesen auszuüben, ist keine gute Führungspersönlichkeit. Eine gute Beziehung basiert darauf, zu erkennen, dass der Hund für das gemeinsame Zusammenleben bereit ist, Ressourcen abzugeben und Grenzen zu akzeptieren, und ihm somit in ehrlicher Weise die angemessene Wertschätzung dafür entgegenzubringen. Hunde sind hochsoziale Lebewesen, die spüren, ob wir es gut mit ihnen meinen. Die Kunst liegt also darin, dem Hund respektvoll und wohlwollend für das Zusammenleben notwendige Grenzen zu setzen und dabei die Mittel anzuwenden, die das jeweilige Individuum benötigt.

## KANN ER DAS?

Außerdem muss immer gleichzeitig reflektiert werden, ob der Hund in der jeweiligen Situation überhaupt in der Lage dazu ist, das erwünschte Verhalten zu zeigen. Hat er es gelernt? Hat er es verstanden? Ist es physisch und psychisch gerade für ihn möglich? Im Zweifelsfall ist es immer sinnvoll, diese Fragen nochmals zu überprüfen, bevor man sich für ein Maßregeln entscheidet, weshalb wir uns mit dieser Thematik noch intensiver befassen werden. Noch einmal möchte ich zu der Frage kommen: Ist es wirklich notwendig, sich in einem Sportbuch so ausführlich mit dem Thema Beziehung zu beschäftigen? Ja, unbedingt.

## WAS IM SPORT ZUTAGE TRITT

Gerade im Sport werden immer wieder Beziehungselemente sichtbar, da viele Hunde ein hohes Erregungsniveau erreichen und Konflikte, die zu Hause nicht ausgetragen wurden, deutlich zum Vorschein kommen. Hier kann ich als Hundebesitzer gut erkennen, wo wir noch Kommunikationsschwierigkeiten haben, mein Hund sich respektlos verhält, indem er mich im Parcours maßregelt, oder, schlicht und ergreifend, wo ich meinen Hund in seinen Kompetenzen, wie zum Beispiel Frustrationstoleranz, noch weiter schulen kann.

## STIMMT DIE KÖRPERSPRACHE?

Doch es kommen nicht nur tieferliegende Aspekte auf der Beziehungsebene zum Vorschein, man erkennt beim Curven auch, ob die Körpersprache des Menschen für den Hund verständlich eingesetzt wird oder ob Missverständnisse vorliegen. Denn beim körpersprachlichen Führen wird der ganze Körper von Kopf bis Fuß mit Signalwirkung eingesetzt. Wohin dreht sich der Kopf, wie ist die Hüfte geneigt, in welchem Winkel wird der Arm gestreckt und wohin zeigen eigentlich die Fußspitzen? All diese Bewegungen laufen unbewusst und automatisiert ab. Wir erkennen dann eher das Ergebnis und ob der Hund unsere Signale entsprechend umgesetzt hat, aber nicht unbedingt, wie wir uns genau bewegt haben. Sowohl die mentale als auch die körpersprachliche Führung sind somit ein Teil des Curvingsports. Aber wie führe ich nun einen Hund körpersprachlich? Ich muss in der Lage dazu sein, ihn in seinen Bewegungen einzuschränken, ihn zu stoppen und das letztendlich ohne Maßnahmen, wie das Schließen von Türen oder das Festhalten der Leine. Ich muss ihn bei mir halten und ihn zu mir bewegen können. Zusammengefasst ist es das körpersprachliche Öffnen und Schließen. Damit mein Hund diese Gesten akzeptiert, müssen wir eine intakte Beziehung haben und uns miteinander wohlfühlen. Eine Basis, die durch viele schöne und spaßige Interaktionen entsteht und durch konstruktives Austragen von Konflikten, die das Verhältnis zueinander definieren.

02

03

*01 Manche Hunde fahren während des Trainings so hoch, ...*

*02 ... dass sie unsere Unterstützung brauchen, um sich wieder zu beruhigen.*

*03 Auch das Zuschauen löst bei vielen Hunden bereits Frust aus und muss geübt werden.*

# RICHTIG FÜHREN – DIE KÖRPERSPRACHE SCHULEN

**Auf den ersten Blick könnte man meinen, der Hund wird beim Curven vor allem über die Arme gearbeitet, weil diese in der Bewegung am auffälligsten sind. Sieht man jedoch genau hin, ist der gesamte Körper in Bewegung und sendet wichtige Signale.**

Von den Augen bis zu den Zehenspitzen sprechen wir körpersprachlich mit unserem Hund, wenn wir ihn durch den Parcours führen. Meistens passiert das unbewusst – gerade für Anfänger ist es aber sinnvoll, die Bewegungen zu üben und zu verstehen, welche Bedeutung sie beim Curven haben.

## KÖRPERSPRACHE MENSCH

Wir führen den Hund also mit unserem ganzen Körper – dem Kopf, den Schultern, den Armen und Händen, der Hüfte, den Beinen und den Füßen. All diese Bewegungen helfen dem Hund dabei, uns sehr exakt zu lesen und zu verstehen. Bei verschiedenen Übergängen zeigt der Kopf noch vor den Armen die Laufrichtung an. Gleichzeitig hilft der Blickkontakt dem Team, die Kommunikation aufrechtzuerhalten und sich im Parcours nicht zu verlieren. Die Bewegungen der Schultern sind elementarer Bestandteil der ziehenden und der schiebenden Hilfe, auf die ich nachfolgend noch genauer eingehen werde. Die Arme können den Hund nicht nur schicken und wieder einladen, sie verraten ihm auch, ob er im inneren Rechteck bleibt oder weiter ins äußere Rechteck läuft. Dabei ist die Winkelung des Arms und die Höhe der Hand jeweils ein Faktor, der den Laufweg stark beeinflusst. Doch auch die Dynamik in der Bewegung gibt dem Hund Informationen darüber, wie weit er beispielsweise laufen soll. Die Gewichtsverlagerung verstärkt die Bedeutung der ziehenden und der schiebenden Hilfe, während die Muskelanspannung vor allem das Schicken nochmal unterstreicht.

## DIE ZIEHENDE UND SCHIEBENDE HILFE

Wie vorab bereits erwähnt, gibt es zwei elementare Bewegungen, die sich die ziehende und die schiebende Hilfe nennen. Während die ziehende Hilfe den Hund zu uns einlädt, ihn also zu uns „zieht", drücken wir ihn mit der schiebenden Hilfe von uns weg. Daniel Joeres beschreibt diese Bewegungen in seinem Buch „Artgerechte Hundeerziehung" sehr passend mit den Strömungen in einem Wasserbecken, in dem man bis zu den Schultern steht. Bewegt man sich rückwärts, so kann man beobachten, wie das Wasser mitgezogen wird. Bewegt man sich nach vorn, schiebt man das Wasser vor sich her. Genau dieses Prinzip funktioniert körpersprachlich sehr fein bei unseren Hunden. Das körpersprachliche Arbeiten ist das

Zusammenspiel aus Nähe und Distanz zwischen zwei Individuen. Sie gehören zueinander wie Yin und Yang, das eine kann nicht ohne das andere existieren. Sehr wohl gibt es jedoch in vielen Beziehungen einen Überschuss vom einen und einen Mangel vom anderen.

## DIE ZIEHENDE HILFE

Die ziehende Hilfe ist gleichzusetzen mit dem Angebot der Nähe, manchmal auch mit der Forderung danach. Alles im Körper zeigt sich einladend, offen und freundlich annehmend. Der ganze Körper bewegt sich vom Hund weg, ist ihm aber gleichzeitig zugewandt. Die Körperachse bricht, die Hüfte wird nach hinten gedrückt. Die Arme werden als einladende Geste geöffnet. Der Blick ist weich, freundlich, und möglicherweise wird der Kopf höflich zur Seite gedreht und direkter Blickkontakt vermieden. Ich beginne grundsätzlich zu lächeln, wenn ich einen Hund so einlade. Und ich meine es auch so, denn die Einladung sollte herzlich und ehrlich sein. Es ist etwas Persönliches, eine freundliche Geste, eine Einladung und manchmal auch der Beginn eines intensiven Gesprächs. Die ziehende Hilfe lässt sich also optimal mit dem sozialen Lob oder dem Sozialspiel verbinden. Die gesamte Energie fließt nach hinten, vom Hund weg, und meine Hände halten ihn nie fest, wenn er angekommen ist. Natürlich darf der Hund gestreichelt und gekrault werden, ich darf mein Gesicht nah an seines halten, er darf mir über das Kinn schlecken, sich gegen mich drücken und mit mir gemeinsam die gegenseitige Zuwendung genießen. Nähe in dieser Form kann nicht jedes Lebewesen anbieten, nicht jeder kann sie einfach annehmen, oft muss es regelrecht geübt werden. Da es ein zentraler Bestandteil der ehrlichen Kommunikation mit dem Hund ist, lohnt es sich, tief in das Thema einzutauchen und zu fühlen, ob es hier versteckte Baustellen gibt.

## DIE SCHIEBENDE HILFE

Während die ziehende Hilfe Nähe erzeugt, bringe ich den Hund über die schiebende Hilfe auf Abstand zu mir. Für viele Hundebesitzer erschließt sich der Sinn zunächst nicht, weshalb ihr Hund in die Distanz ge-

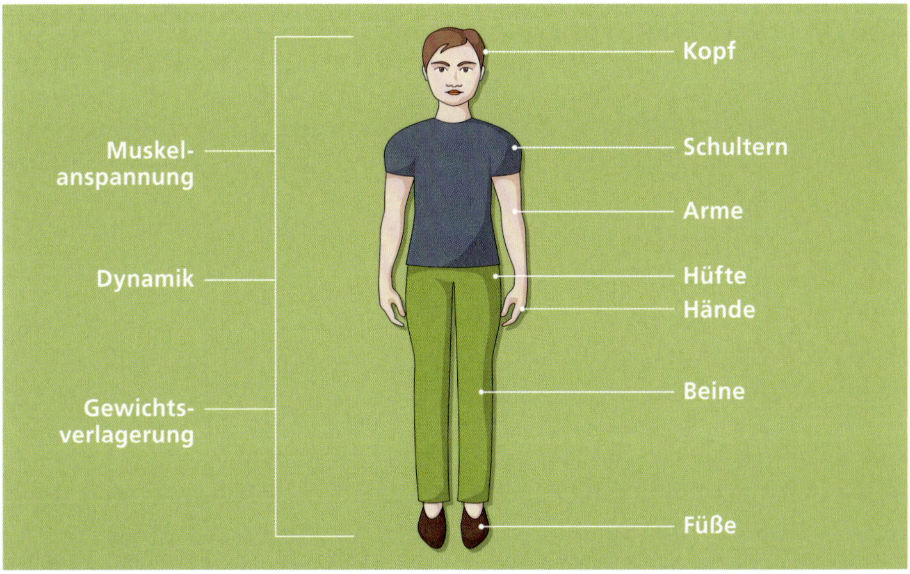


*Oft ist uns gar nicht bewusst, dass wir mit dem ganzen Körper sprechen.*

*Das Gespräch über Nähe und Distanz ist ein elementarer Bestandteil einer tiefgreifenden Beziehung.*

*Distanz schafft Nähe, wenn sie wohlwollend und fair eingesetzt wird.*

hen sollte. Der Gedanke löst nicht nur Unverständnis, sondern ebenso oft Sorgen aus. Es entsteht die Angst, den Hund auf Distanz zu bringen und dort gegebenenfalls zu halten, könne der Beziehung schaden, sodass keine Nähe mehr vom Hund aus gesucht wird. Doch das klare Abgrenzen vom Hund ist wichtig für unsere Beziehung zu ihm. Wer sich im gesunden Maß abgrenzen kann, der räumt Zeiten für die eigene Erholung ein und hat die Möglichkeit, seine Gedanken zu sortieren. Dadurch kann die anschließende Nähe eine ganz andere Qualität erreichen. Durch ständige Verfügbarkeit verliert Nähe ihren Wert. Dabei spreche ich nicht von psychischen Methoden wie dem Liebesentzug oder physischen Maßnahmen, beispielsweise in Form von Zwingerhaltung. Es geht in diesem Teil um eine gesunde Abgrenzung in einer Mensch-Hund-Beziehung, wobei die Gewichtung von Nähe und Distanz individuell gewählt werden muss, da jedes Mensch-Hund-Team eigene Bedürfnisse hat und was für die einen ein angenehmes Maß ist, bedeutet für die anderen massive Einschränkungen im Wohlbefinden. Ich kenne Hunde, die sich zwar zu einem legen, aber nicht angefasst werden möchten, und andere, die sich stundenlang durchkneten lassen können und dann immer noch nicht genug haben. Wir wissen nun bereits, wie wir Nähe erzeugen können. Distanz zu schaffen, wird körpersprachlich genau gegenteilig ausgedrückt. Gehe ich rückwärts, eventuell sogar in die Hocke, wirke ich auf meinen Hund einladend, offen und freundlich. Gehe ich frontal, mit angespanntem Oberkörper und klarem Blick auf ihn zu, schiebe ich ihn von mir weg. Der Körper ist dabei gerade oder leicht nach vorn gerichtet. Der Blick präzise und unbeweglich, die Augen fixieren das Gegenüber. Die Schultern werden gestreckt und nach hinten gedrückt, während Brust und Hüfte sich nach vorn schieben. Das machen viele Hundebesitzer automatisch, ohne es zu merken und ohne es zu wollen. Dabei senden sie unbewusst ganz falsche Signale an ihren Hund. Es ist daher sinnvoll, sich dieser Bewegungen im Alltag bewusst zu werden. Wie häufig wird der Hund zwar stimmlich eingeladen, aber körperlich weggeschoben? Diese Missverständnisse führen immer wieder zu Schwierigkeiten in der Kommunikation. Dabei ist das Gespräch über Nähe und Distanz in der Hundewelt unumgänglich, möchte man eine direkte und authentische Sprache für seinen Hund sprechen.

# DAS KWM-PRINZIP

**Es gibt drei Aspekte, an denen man sich orientieren kann, wenn man mit Hunden arbeitet und vor allem auch, wenn Probleme im Training auftreten. Das Können, das Wollen und das Müssen.**

Diese drei Aspekte ziehen sich durch das gesamte Hundetraining, egal, ob es sich um den Sport, den Abruf, die Leinenführigkeit oder die Arbeit an der Frustrationstoleranz handelt. Wenn wir einem Hund etwas beibringen möchten oder von ihm etwas einfordern, sollten wir immer hinterfragen, ob er das Verhalten zeigen kann, ob er es zeigen möchte und letztendlich auch, ob er überhaupt muss. Dabei bilden das Können und das Wollen erst einmal die Grundlage, sobald wir ins Training starten. Erst wenn diese beiden Aspekte erfüllt sind, beschäftigen wir uns mit dem Müssen.

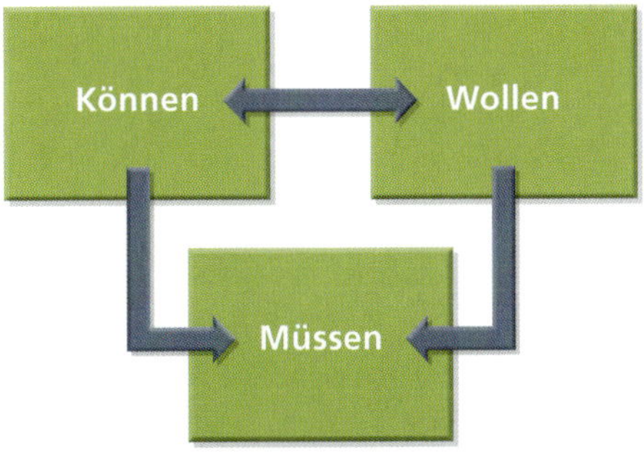


*Diesen drei Aspekten begegnet man täglich im Hundetraining.*

## DAS KÖNNEN

Zunächst sollte man sich die Frage stellen, ob der Hund die körperlichen und geistigen Fähigkeiten besitzt, das Verhalten zu zeigen. An einen Welpen habe ich andere Ansprüche als an einen erwachsenen Hund. Er ist zu vielem körperlich noch nicht in der Lage. In der Pubertät ist es manch einem Hund geistig nicht möglich, bestimmte Anforderungen zu erfüllen. All das sollte in der Erziehung berücksichtigt und natürlich auch beim Curving mit einbezogen werden. Den größten Anteil nimmt jedoch die Frage ein: „Habe ich meinem Hund das gewünschte Verhalten so beigebracht, dass er es verstehen kann, und ist er in der Lage dazu, es umzusetzen?“

### NICHT GELERNT

Meist besucht man einen Hundetrainer, weil das gewünschte Verhalten beim Hund nicht einsetzt. Das kann ganz unterschiedliche Gründe haben. Häufig ist es jedoch einfach so, dass der Hund das Verhalten nicht zeigt, weil er es nicht richtig gelernt hat. Der Mensch fordert also etwas von seinem Hund, das er nicht leisten kann.

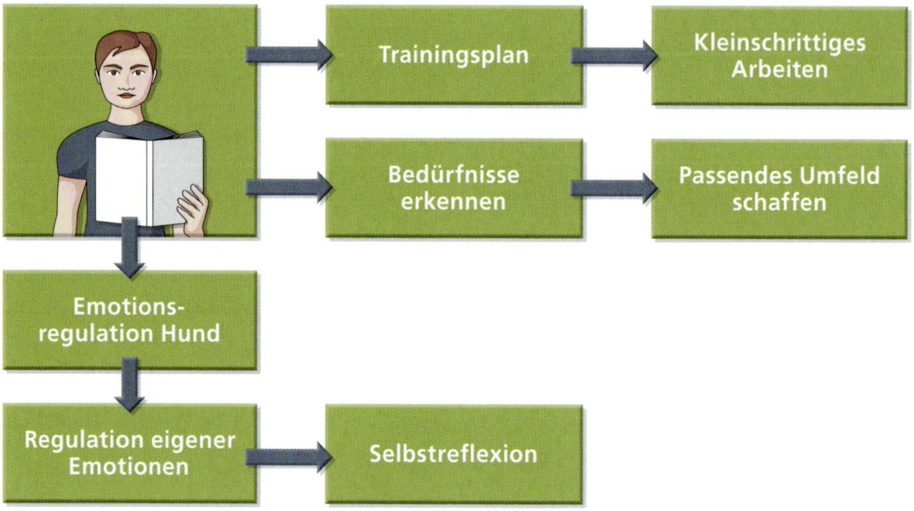


*Ein guter Lehrer muss viele Aspekte beachten, um seinen Schüler optimal anleiten zu können.*

Das kommt häufiger vor als gedacht, weil Menschen oft das Gefühl haben, sie hätten sich klar ausgedrückt. Hier sind wir auch wieder bei der Kommunikationsbasis angelangt und so schließt sich der Kreis. Der Aspekt des Könnens sollte daher immer zuerst geprüft werden, wenn es Probleme zwischen Hund und Halter gibt.

## EIN GUTER LEHRER SEIN

Der Hund kann noch so eifrig und motiviert sein, wenn ihm nicht verständlich erklärt wird, was er tun soll, wird er nie gut in der Aufgabe werden. Deswegen ist es von so großer Bedeutung, sicher und präzise im Erklären zu werden: Wir wollen gute Lehrer für unsere Hunde sein.

Tatsächlich ist es gar nicht so einfach, in die Rolle eines guten Lehrers zu schlüpfen. Es gibt viele Dinge, die beachtet werden müssen, viele Kompetenzen, die man sich aneignen muss und die möglicherweise auch die eigenen Baustellen aufzeigen.

Sehen wir uns also einmal genauer die unterschiedlichen Fähigkeiten und Aufgaben eines guten Lehrers an. Ein sauberes Training beginnt mit einem kleinschrittigen Trainingsplan. Allzu häufig geht man nur mit einer Idee, aber ohne richtigen Plan ins Training und probiert verschiedene Möglichkeiten aus. Das ist grundsätzlich nicht verkehrt, führt aber bei Misserfolg bei einigen Hunden schnell zu Frustration. Übrigens nicht nur beim Hund, auch der Mensch zeigt sich schnell frustriert oder wütend, wenn er nicht nach einigen Wiederholungen zum Erfolg kommt.

## DER TRAININGSPLAN

Um das zu vermeiden, ist es wichtig und sinnvoll, einen Trainingsplan zu erstellen, bevor man startet, und sich zu überlegen, was der Hund eigentlich genau lernen soll und mit welcher Vorgehensweise man ihm das Verhalten beibringen kann. In diesem Buch werden alle Übungen kleinschrittig erklärt. Dennoch kann es immer Hunde geben, die ein abgewandeltes Training brauchen. Hier ist die eigene Kreativität gefragt. Es kann unheimlich viel Freude bereiten, einen eigenen Trainingsplan individuell auf seinen Hund abzustimmen und dem Hund ein Verhalten erfolgreich beizubringen.

## DIE BEDÜRFNISSE DES HUNDES ERKENNEN

Grundsätzlich sollte man beim Training einige Voraussetzungen beachten, damit der Hund gut lernen kann. Gerade wenn das Training nicht optimal läuft, ist es hilfreich, sich diese Punkte nochmals vor Augen zu führen und bestimmte Umstände anzupassen. Wir haben uns bereits intensiv mit der Thematik des Führens beschäftigt und festgestellt, dass wir beim Führen Verantwortung für ein anderes Lebewesen übernehmen. Das bedeutet auch, die Bedürfnisse des Gegenübers wahrzunehmen, sie zu verstehen und in Entscheidungen einfließen zu lassen. Die Bedürfnisse können grob in interne und externe Faktoren unterteilt werden.

## EXTERNE FAKTOREN | DIE LERNUMGEBUNG

Ein gutes Training steht und fällt unter anderem mit der Lernumgebung. Ablenkung in Form von optischen Reizen, Gerüchen, Geräuschen oder Faktoren wie Hitze, Kälte oder Nässe können den Hund in seiner Konzentration und im oben beschriebenen Wohlbefinden beeinflussen. Mit zunehmendem Trainingsstand lernt der Hund, sich nicht von allem ablenken zu lassen. Zudem sollte man immer auch darauf achten, dass der Hund während des Trainings nicht „überfallen" wird, beispielsweise von einem anderen Hund. Im Parcours sollte unser Vierbeiner sich sicher fühlen und Vertrauen in die Führung des Curvers haben können. Dazu gehört auch das Abschirmen anderer Menschen und Hunde während des Trainings.

## INTERNE FAKTOREN | DAS WOHLBEFINDEN DES HUNDES

Niemand lernt gut, wenn es ihm schlecht geht oder ein wesentliches Bedürfnis unbefriedigt ist. Müdigkeit, großer Hunger, Durst, aber auch Übersättigung sowie geistige und körperliche Erschöpfung sind keine

*Ein müder Hund lernt nicht gut. Auszeiten sind wichtig, um das Erlernte zu festigen.*

gute Grundlage für das Training. Zudem sind regelmäßige Pausen – auch über mehrere Tage – wichtig, damit sich das Erlernte setzen und der Hund sich erholen kann. Man sollte gerade mit einem eher mühsam zu motivierenden Hund immer dann aufhören, wenn er gerade besonders viel Spaß hat; so baut man eine positive Erwartungshaltung auf und startet gleich gut ins nächste Training. Das bedeutet, die Lerneinheiten kurz zu halten und keine Langeweile aufkommen zu lassen.

### INTERNE FAKTOREN | DAS WOHLBEFINDEN DES MENSCHEN

Doch nicht nur die Emotionen des Hundes spielen beim Curving eine entscheidende Rolle. Auch die eigene Gefühlswelt gestaltet den Lernprozess in hohem Maße mit und sollte daher genauer unter die Lupe genommen werden. Mensch und Hund bringen einen eigenen, manchmal völlig unterschiedlichen Charakter mit ins Training. Je nach Rasse, Erfahrung und Einfluss des Menschen entstehen so genau abgestimmte Arbeitsweisen für das jeweilige Team. Das zu akzeptieren und in den Übungen individuell auf den Charakter des Vierbeiners einzugehen, macht ein gutes Training aus. Dabei ist es besonders schwierig, die Eigenschaften seines Hundes anzunehmen, wenn diese die eigenen Charakterzüge im negativen Sinn triggern. Habe ich einen Hund, der eher langsam lernt, bin aber selbst ungeduldig, beginnt das Training nicht erst im Parcours, sondern bereits vorab im Schulen der eigenen Frustrationstoleranz. Besonders für sensible Menschen, die sich durch die Stimmung anderer anstecken lassen, ist ein hoch energetischer und schnell frustrierter Hund oftmals eine Herausforderung. Einen Hund so anzunehmen, wie er ist, bedeutet nicht, auf Erziehung zu verzichten. Es bedeutet, ihn kennenzulernen, seinen Charakter zu verstehen, sein Wesen anzunehmen und das Training darauf abzustimmen. Ein guter Lehrer ist demnach nicht nur jemand, der sein Gegenüber empathisch und fein wahrnimmt, sondern auch ein Mensch, der sich selbst reflektieren kann. Ein Vorgang, der einem einiges abverlangen kann. Plötzlich wird man mit der eigenen Ungeduld konfrontiert, spürt Frustration in sich oder sogar die Erkenntnis, doch noch tiefer in die Beziehungsstruktur eintauchen zu müssen, um etwas zu verändern. Das kann anstrengend oder auch verletzend sein. In vielen Fällen muss man seine eigene Komfortzone verlassen, um sich weiterzuentwickeln und um dann mit den neu gewonnenen Fähigkeiten ein besseres Training gestalten zu können. Bin ich selbst lustlos, erschöpft oder habe ich mich vor dem Training geärgert, wirkt sich das, gerade bei sensiblen Hunden, schnell auf die gemeinsame Arbeit aus. Auch Ehrgeiz und Enttäuschung nehmen unsere Hunde mit feinen Antennen wahr. Deswegen ist die Reflexion der eigenen Gedanken- und Gefühlswelt ein wesentlicher Teil eines erfolgreichen Trainings. Ich habe bereits einige sensible Hunde gesehen, die unter der schlechten Stimmung ihrer Besitzer nicht mehr arbeiten wollten. Dabei ist es einem oft gar nicht bewusst, wie sehr die eigene Stimmung von außen wahrgenommen wird – erst recht von einem so feinfühligen sozialen Lebewesen wie dem Hund.
Das Können lässt sich in einem guten Training nicht vom Wollen trennen, denn die Motivation des Hundes ist das Herz des Sports und sollte auch immer so behandelt werden.

## DAS WOLLEN

Sowohl in der Erziehung als auch im Sport dreht sich vieles um die richtige Motivation des Hundes. Hunde lernen sehr effektiv und schnell, wenn sich ein Verhalten für sie lohnt. Dafür brauchen wir jedoch die richtige Motivation. Welche Möglichkeiten wir haben, wurde bereits im Kapitel über die Verstärker besprochen. Es kommt vor, dass sich das richtige Motivationsmittel während der Entwicklung, aber auch im Laufe des Trainings verändert. Daher sollte man beim Curven flexibel bleiben und genau schauen, welche Motivationshilfe gerade die richtige für den Hund ist. Doch das Wollen hängt nicht nur mit der Motivation über materielle Verstärker zusammen. Hier kommt wieder die Mensch-Hund-Beziehung zum Tragen. Hunde, die eine gute Beziehung zu ihrem Besitzer haben, zeigen sich grundsätzlich interessierter an der gemeinsamen Zusammenarbeit und schenken ihrem Menschen ihre Aufmerksamkeit. Natürlich gibt es auch immer Ausnahmen und das Verhalten zeigt sich rasse- und charakterabhängig unterschiedlich stark ausgeprägt. Dennoch ist nachvollziehbar, dass ein Hund, der eine gute Beziehung zu seiner Bezugsperson hat, ebenfalls ein großes Interesse an einem gegenseitigen Austausch mit ihr hat. Das Schöne ist, dass sich auch hier einiges wechselseitig bedingt. Gemeinsam Sport zu machen kann dazu führen, dass sich die Beziehung zueinander verbessert. Man hat zusammen Spaß, baut eine solide Kommunikationsbasis auf und begegnet sich mit offenen Sinnen.

01

02

03

*01 Hunde lernen schnell und präzise über die richtige Motivation.*

*02 Das Wollen ergibt sich aus der Beziehung zum Hund und dem Aspekt, wie viel Freude die Interaktion macht.*

*03 Gemeinsam gute Momente zu erleben, wirkt sich dauerhaft positiv auf die Beziehung aus.*

## DAS MÜSSEN

Am Ende reiht sich das Müssen ein, ein Aspekt, der im Hundetraining eher unbeliebt ist. Müssen verbinden wir mit Zwang, mit etwas Unangenehmem, mit etwas, mit dem wir unserem Hund nicht begegnen möchten. Im Text über die Beziehung als Basis wurde bereits darüber gesprochen, wie wichtig dieses Element beziehungsweise dieser Aspekt in der Ausbildung unserer Hunde ist, wie groß seine Bedeutung ist – wie wichtig seine Rolle. Im Sport nimmt dieser Teil einen viel geringeren Raum ein als in der Erziehung. Doch wie bereits vorab geschrieben, lassen sich Sport und Erziehung meiner Meinung nach nicht grundlegend trennen. Doch wann spielt das Müssen im Sport eine Rolle? Niemals, wenn es darum geht, den Hund um eine Stange zu schicken. Niemals, wenn er einen Trick ausführen soll. Aber in dem Moment, in dem mein Hund sich dafür entscheidet, mir seine Aufmerksamkeit zu entziehen, wegzulaufen oder sich anderweitig zu beschäftigen, während ich im Gespräch mit ihm bin, rutscht man in diesen Bereich. Als Hundehalter erwarte ich Aufmerksamkeit, wenn ich meinen Hund anspreche. Respektvoll, wertschätzend und wohlwollend gehe ich mit dieser Aufmerksamkeit um und ich nehme wahr, wenn mein Hund sich unwohl fühlt, Schmerzen oder Leid empfindet. Aber diese eine Basis erwarte ich von ihm: „Sieh mich an, hör mir zu, lass uns ins Gespräch gehen!“
Stellt man fest, dass der Hund in der Lage ist, den Sport auszuführen, dass er grundsätzlich gewillt ist, mit mir zu arbeiten, wir eine gute Beziehungsbasis haben und dass er mir seine Aufmerksamkeit schenkt, wenn ich mit ihm ins Gespräch gehe, er aber trotzdem wenig Leidenschaft beim Curven aufbringt, ist es durchaus sinnvoll zu hinterfragen, ob dies der richtige Sport für den Hund ist. Bevor man die drei Aspekte jedoch nicht gründlich analysiert hat, lässt sich dies nicht unbedingt direkt schlussfolgern.

*Stimmen das Wollen und das Können, braucht über das Müssen nur selten gesprochen zu werden.*

*Das aufmerksame Zuhören fällt in der Mensch-Hund-Beziehung in den Bereich „Müssen“.*

# KOMPETENZTRAINING

**Unsere Hunde haben es in unserer Gesellschaft nicht leicht. Jahr für Jahr wachsen die Ansprüche an unsere Vierbeiner, der Raum wird enger, die Regeln werden verschärft. Für den Hund und seinen Halter bedeutet das, viele Einschränkungen akzeptieren zu müssen, denn nur so ist ein harmonisches und auch sicheres Miteinander möglich.**

## SELBSTREGULATION …

Die Begriffe Impulskontrolle, Selbstregulation und Frustrationstoleranz gewinnen in gleichem Maße an Bedeutung, wie die Ansprüche wachsen. Der Hund darf weder die Nachbarskatze jagen noch den Jogger stellen. Der Postbote möchte unser Grundstück wieder unversehrt verlassen und die Kinder würden ihren Fußball gern ohne Löcher mit nach Hause nehmen. Manch ein Hund wünscht sich Kontakt zu seinen Artgenossen, andere legen viel Wert auf das Einhalten ihrer Individualdistanz. Ein richtiges Ausweichen ist in den Städten kaum möglich, und so muss der Hund eines rücksichtsvollen Hundehalters früh lernen, etwas nicht zu dürfen, etwas auszuhalten und keinen Wutanfall deswegen zu bekommen. Es lohnt sich daher, die Selbstregulation und mit ihr die Impulskontrolle und die Frustrationstoleranz zu üben – und der Hundesport bietet dafür eine hervorragende Möglichkeit. Im Sport neigen viele Hundebesitzer dazu, über unangemessene Erregung oder Maßregelungen seitens des Hundes hinwegzusehen, da man sich nicht im „echten Leben“ befindet. Schwierigkeiten in der alltäglichen Erziehung zeigen sich jedoch gerade im Sport recht zuverlässig, da der Hund hier schnell in eine hohe Erregung kommt.

*Frustration ist für alle Beteiligten ein unangenehmer Zustand und dennoch in Maßen sehr wichtig.*

Zudem geht es um für ihn wichtige Ressourcen, wie Futter oder Spielzeug, über die man durchaus in einen Konflikt kommen kann. Damit die gemeinsame Arbeit also ein freudiges, aber auch respektvolles Miteinander ist, lohnt es sich, hier einmal genauer hinzusehen und die Erziehungslücken im Alltag zu schließen.

### WAS ZU HAUSE NICHT KLAPPT

Kann ich meinen Hund zu Hause nicht dazu bewegen, auf seiner Decke zu bleiben, während ich frühstücke, wie soll er dann in hoher Erregung liegen bleiben, wenn ich den

Parcours zunächst für mich allein ablaufe? Gibt er zu Hause die geklaute Socke nicht her, wie kann ich ihm sagen, dass er die Beute loslassen soll, während er daran zieht? Stürzt er beim täglichen Füttern direkt in den Napf, noch bevor er auf dem Boden steht, wie soll er es schaffen, sich das Futter erst nach getaner Arbeit zu holen?
Es bietet einen deutlichen Mehrwert, diese erzieherischen Grundregeln sowohl im Alltag als auch im Sport umzusetzen und dem Hund dabei zu helfen, Impulskontrolle und Frustrationstoleranz zu erlernen.

## ERREGUNGSLEVEL

Dabei ist es die wichtige Aufgabe des Hundebesitzers, die Fähigkeiten seines Hundes einzuschätzen und das Training an seinen Lernstand anzupassen. Gerade hohe Erregung schließt häufig die Türen für ein faires Lernen. Hormone wie Dopamin und Adrenalin versetzen ihn in einen Zustand, in dem er sich nur schwer von dem Objekt seiner Begierde lösen kann, in einen Tunnelblick gerät und unempfindlich gegenüber adäquaten Korrekturen wird. Der Hund weint, bellt, zittert und ist oft kaum noch ansprechbar. Es ist nicht fair, das Training in diesem Zustand zu beginnen. Die Fehlerquote wäre hoch, ebenso wie die Intensität der Korrektur, und es ist fraglich, ob der Hund nicht bereits ein Stressniveau erreicht hat, auf dem er überhaupt nicht mehr in der Lage ist zu lernen.

## DAS YERKES-DODSON-GESETZ

Das Yerkes-Dodson-Gesetz besagt, dass die Produktivität eines Organismus bei mittlerer Erregung am höchsten ist und bei niedriger oder hoher Anspannung sinkt. Dieser mittlere Bereich ist der optimale Trainingsbereich für unsere Hunde und sollte immer angestrebt werden. Für manch einen Vierbeiner ist das eine große Herausforderung und für seinen Menschen eine Gratwanderung, doch faires Hundetraining beginnt dort, wo der Hund es richtig machen und lernen kann, und dringt dann schrittweise in die herausfordernden Bereiche vor. Die Belohnungsquote sollte deutlich höher als die Korrekturquote sein und das Training sollte allen Beteiligten Spaß machen.

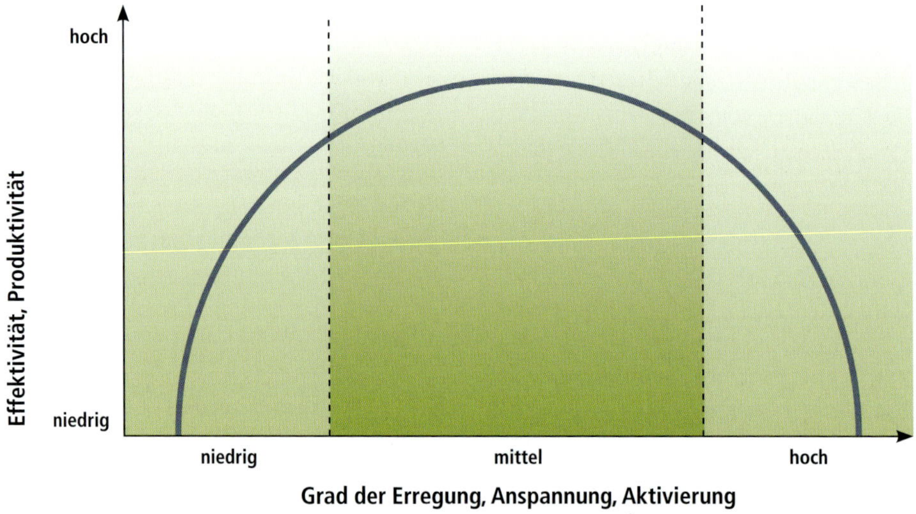


*Nicht nur wir Menschen lernen am besten, wenn unsere Erregung weder zu hoch noch zu niedrig ist.*

# STATE OF MIND

**Die Grundlage eines erfolgreichen Trainings ist die dahinterstehende Motivation sowohl des Hundes als auch des Hundehalters. Man hat es schon etliche Male am eigenen Leib erfahren: Je mehr Spaß etwas macht, desto effektiver funktioniert das Lernen.**

Aus diesem Grund sollte man vor der Trainingseinheit immer in die richtige Stimmung kommen. Ein Kaltstart, wie es häufig in Hundeschulen üblich ist, erschwert das Lernen erheblich. Meistens reichen ein paar kleinere Motivationsspiele. Auch für einen selbst ist diese Übung sinnvoll, denn unsere Hunde sind sehr feinfühlig und spüren schnell, ob wir Spaß an dem haben, was wir gerade tun. Die Stimmungsübertragung funktioniert an dieser Stelle hervorragend und wir können sie gut für uns nutzen.

## FUTTERFOLGEN

Das Futterfolgen ist bei vielen Hunden sehr beliebt. Am besten eignen sich größere Stücke Käse oder weichere Futterwürfel. Die Hand mit dem Futter wird spielerisch über den Boden bewegt und der Hund darf hinterherjagen. Natürlich ist das Fassen der Hand nicht erlaubt und wird mit einem Autsch kommentiert oder, bei weniger zu beeindruckenden Vierbeinern, körpersprachlich oder auch körperlich korrigiert. Allerdings sollte es dem Hund bei diesem Spiel auch nur schwer möglich sein, die Hand zu erwischen. Ist er in Fahrt gekommen, kullert man das Futterstück gut sichtbar über den Boden, sodass er es erbeuten kann. Meine Chihuahuahündin Keeva lässt sich somit gut in die richtige Stimmung bringen. Ich bin immer so weit weg von ihrer Nase, dass sie es beinah hat, und wenn sie sich richtig bemüht, schafft sie es am Ende auch. Dabei muss sie schnell und wendig sein, denn sie kann nie wissen, wohin meine Hand sie als Nächstes führt. Manchmal ergattert sie das Futter auch aus meiner Hand.

*Raphaela und Keeva haben sichtlich Spaß beim Futterfolgen!*

## ANPIRSCHEN & JAGEN

Hier geht es um eine Beute oder Futter und einen spielerischen Wettkampf darum. Zu Beginn wird der Hund auf das Objekt seiner Begierde aufmerksam gemacht, indem es über den Boden oder von seiner Nase weggezogen wird. Sobald der Hund sichtbar interessiert ist, wird er an der Brust oder am Halsband festgehalten, während man das Objekt gut sichtbar nach vorn wirft. Jetzt hält man den Hund weiterhin fest, während man sich gemeinsam an die Beute anpirscht. Unterstützt wird das Ganze durch akustische Signale wie: „Wo ist die Beute?“, oder durch den Aufbau eines Spannungsbogens: „Auf die Plätze ... fertig ... LOS!“ Ist der Hund fokussiert, rennt man gemeinsam los und versucht als Erster bei der Beute zu sein. Dabei lässt man in den meisten Fällen den Hund gewinnen und feiert seinen kleinen Sieg mit ihm. Es darf auch eine Verfolgungsjagd oder ein Zerrspiel folgen.

*Das gemeinsame Spiel sollte beiden Spaß machen. Der Hund merkt sofort, wenn wir nicht authentisch sind.*

## BEUTE JAGEN

Beute kann man auch nah beim Menschen fangen. Das sollte aber auch immer eine gewisse Herausforderung darstellen, wie bereits im Kapitel „Richtig spielen“ beschrieben. Wie ein flinker Hase rennt die Beute vor dem Hund weg, bewegt durch unsere Hände. Sie wechselt von einer Hand in die andere, wird genau in dem Moment weggezogen, wenn der Hund sich siegessicher fühlt. Sie zappelt und macht kurze, schnelle Bewegungen. Man kann den Hund auch mithilfe der Beute durch seine Beine führen, aber Achtung: Mancher Hund ist geschickter und ehrgeiziger, als man denkt. Da kann er auch schon mal vor das Schienbein laufen oder mit den Zähnen in die Hand fassen. Der Besitzer entscheidet, welches Verhalten für ihn noch in Ordnung ist. Wichtig ist, dass diese Entscheidung nicht nur getroffen wird, weil man die dahinterstehende Arbeit scheut, das Verhalten konsequent abzutrainieren. Es ist durchaus sinnvoll, die Beute bei geringer Erregung etwas gröber zu greifen und weniger Platz für das Hundemaul zu lassen, um zu testen, ob der Vierbeiner zwischen Hand und Beute unterscheidet.

## DAS SOZIALSPIEL

Im Sozialspiel ist viel mehr erlaubt, als normalerweise zugelassen wird. Höflichkeit und Distanz werden reduziert. Anspringen, Anrempeln, Knurren und Bellen, auch spielerisches Beißen, Schubsen und Festhalten sind typische Elemente. Gerade vor einer Trainingseinheit kann man sich und seinen Hund mit einem gemeinsamen Sozialspiel in die richtige Motivationslage versetzen. Dafür darf man gern eine Etage tiefer gehen und auf Augenhöhe mit dem Vierbeiner sein. Man kann diese Art des Spiels zu Hause testen. Oft ist es für viele Halter ungewohnt und sie können nicht richtig aus sich herausgehen, wenn sie befürchten, beim Spiel in der Öffentlichkeit beobachtet zu werden. Es ist nicht sinnvoll, sich seinem Hund zuliebe „zum Affen zu machen". Vielmehr sollte man so mit ihm spielen, dass man auch Freude an der gemeinsamen Aktivität hat. Anrempeln und Schubsen kann man mit den Händen, den Beinen und der Hüfte. Das wirkt am besten, wenn man sich dabei seitlich vom Hund wegdreht. Man kann auch versuchen, seine Beine zu fangen. Sehr viele Hunde reagieren auf diese Spielaufforderung. Dabei ist es wichtig, die Extremitäten nicht dauerhaft festzuhalten, sondern nur zu versuchen, sie zu greifen, um dann wieder loszulassen und das nächste Bein zu erwischen.

*Ausgelassen sein und einfach Spaß haben, kostet viele Menschen Überwindung – vor allem in Gesellschaft.*

## SPANNEND BLEIBEN

Spannend ist es, Unerwartetes einzubauen. Plötzlich renne ich mit meinem Hund eine Runde, statt ihn um die Stange zu schicken. Natürlich können auch verschiedene Sportarten gemischt werden. Ich kann mit meinem Hund einen Trick machen, dann ein paar Minuten spielen und zum Schluss eine Weile curven. Gerade Abwechslungsreichtum hält eher schwer zu motivierende Hunde in der Motivation oben und sorgt dafür, dass energetische Hunde sich konzentrieren müssen. Es gibt, wie so oft, nicht die eine richtige Methode. Unserer Gesellschaft, und mit ihr unseren Hunden, würde es guttun, offen für die Methodenvielfalt in der Arbeit mit Hunden zu sein und ehrlich zu reflektieren: Was tut uns als Team gut?

## ZU VIEL MOTIVATION

Natürlich gibt es auch die andere Seite: Hunde, die so viel Motivation mitbringen, dass sie manchmal kaum noch klar denken können. Sie winseln, schreien, bellen, rennen hin und her und bauen gern den ein oder anderen Fehler ein, weil sie nicht richtig zuhören. Gerade die Arbeitshunderassen sind hier besonders prädestiniert und benötigen eine ganz andere Hilfestellung. Die anspruchsvolle Aufgabe des Curvers bei diesen Hunden ist es, den recht engen Bereich zwischen Frustration und Überdrehtheit zu finden. In diesem Bereich sind die Hunde so klar im Kopf, dass sie zuhören und ihr eigenes Verhalten kontrollieren können und gleichzeitig so gemanagt, dass sie nicht in den Frust geraten. Das bedarf einer hohen Kompetenz des Curvers.

# CURVING

## — *Vom HandTouch bis zum Parcours*

# DIE REGELN

**Die Vorarbeit ist geschafft – nun beginnt das eigentliche Curvingtraining. In kleinen Schritten arbeiten wir uns nun vom HandTouch bis zum ganzen Parcours vor. Dabei folgen wir dem Leitfaden, der sich im Aufbau als besonders erfolgreich erwiesen hat.**

Natürlich können Übungen übersprungen oder gänzlich ausgelassen werden, solange das im weiteren Trainingsplan berücksichtigt wird. Die Übungen bauen in der Regel aufeinander auf und eröffnen dem Curvingteam immer neue Parcoursmöglichkeiten. Bevor wir in die Praxis starten, möchte ich noch ein wichtiges Thema aufgreifen.

## DIE CURVING-REGELN

Wie in jeder Sportart gibt es auch beim Curving bestimmte Regeln, die das Mensch-Hund-Team einhalten muss. Das ist wichtig, damit der Sport vergleichbar und fair bleibt. Fair den anderen Teams gegenüber, falls man an Wettbewerben teilnehmen möchte, aber auch fair dem Hund gegenüber, denn Ehrgeiz kann schnell dazu führen, dass das Training nicht mehr mit Freude stattfindet. Es spricht nichts dagegen, Curving als Freizeitbeschäftigung zu sehen und es mit dem Regelwerk nicht ganz so ernst zu nehmen. Wer jedoch mit seinem Hund auf Turnieren starten möchte, sollte sich mit den Regeln dieser Sportart vertraut machen. Beim Curven geht es nicht um die Geschwindigkeit, sondern um die präzise und flüssige Ausführung. Dadurch können verschiedene Rassen teilnehmen und erfolgreich sein. Um ein Verständnis dafür zu bekommen, welchen Sinn die einzelnen Regeln haben, tauchen sie im Laufe des Buches an den passenden Stellen auf. Zudem gibt es eine Zusammenfassung des Regelwerks, um schnell nachschlagen zu können.

### NICHT BERÜHREN

Wettbewerbe und Ehrgeiz lassen sich selten voneinander trennen. Das ist auch in Ordnung, solange die gemeinsame Freude im Vordergrund steht und es fair zugeht. Um zu verhindern, dass der Hund unter zu viel Ehrgeiz leidet, ist die taktile Führung des Hundes während eines Parcours nicht erlaubt. Das gilt nicht für das Training, in dem Berührungen an manchen Stellen sinnvoll sind. Ist das Mensch-Hund-Team jedoch ausgebildet und tritt im Parcours an, darf der Hund nicht mehr aktiv berührt werden. Dies kann zu Punktabzug bis hin zur Disqualifizierung führen, je nachdem, wie und in welchem Zusammenhang der Hund berührt wird. Diese Regel wird am Beispiel des Einparkens deutlich: Da wir den Hund im Training durchaus mit der Hand berühren, um ihn in die richtige Position zu führen, kann dies in abgeschwächter Form im Turnier vorkommen, führt aber in jedem Fall zu einem Punktabzug. Wird der Hund mit beiden Händen gegriffen, um ihn in die richtige Position zu bringen, wäre dies ein Grund für eine Disqualifizierung.

01

02

## KÖRPERSPRACHLICH FÜHREN

Im Idealfall streifen sich Hund und Halter im Parcours bloß bei sehr engen Übergängen und der Mensch führt seinen Hund rein körpersprachlich. Dabei werden fließende und aufeinander abgestimmte Bewegungen besonders gut bewertet. Man sieht dem Team an, wie gut es zusammenarbeitet, wie fein es aufeinander abgestimmt ist und wie sauber die Kommunikation abläuft. Wie ist der Umgang miteinander? Sind beide Teilnehmer sehr laut? Oder versteht sich das Team rein über Gesten und Bewegungen? Auch dieser Aspekt wird in die Bewertung mit einbezogen. Es ist nicht dramatisch, wenn ein Hund im Parcours bellt, doch je leiser Hund und Mensch miteinander sind, desto besser fällt die Bewertung am Ende aus. Dahinter steckt der Grundgedanke, dass der Hund beim Sport nicht in ein Erregungsniveau fällt, in dem er seinem Stress durch Bellen als Ventil Luft machen muss. So kann der Mensch bereits von Beginn an darauf achten, ein gutes und gesundes Erregungsniveau beizubehalten und nicht nur am Gaspedal, sondern eben auch an der so wichtigen Bremse zu arbeiten. Doch der Lauf verrät noch mehr. Unter anderem erkennt man sehr gut, mit wie viel Motivation und Freude das Team den Sport ausführt. Hat der Mensch für seinen Hund den richtigen Sport ausgewählt? Oder ist der Spaß einseitig und der Hund läuft eher pflichtbewusst oder gar gelangweilt durch den Parcours? Wurde das Training kleinschrittig und auf Basis der Motivation aufgebaut? Gab es möglicherweise zu viel Druck und Ehrgeiz?

## DER UMGANG

Es ist spannend zu beobachten, welche Gesprächskultur zwischen Mensch und Hund etabliert ist. Wie wohlwollend, freundlich oder liebevoll gehen beide miteinander um? Wie reagieren beide in eher stressigen Situationen? All das soll das Bewertungssystem mit auffangen und zu einem ganzheitlichen Ergebnis führen. Wer unangemessen laut dem Hund gegenüber oder gar handgreiflich wird oder wer unangemessen straft, wird disqualifiziert. Bei dieser Regel geht es gar nicht darum, zu sagen, man dürfe einen Hund nicht strafen. Es gibt einige Situationen, auch im Sport, die durchaus korrigiert

03

werden sollten. Die beiden Fragen, die man sich dabei aber immer stellen sollte, sind: Ist die Strafe angemessen sowohl in ihrer Begründung als auch in ihrer Intensität? Und sind die erzieherischen Grundlagen bereits so weit geklärt, dass man an einem Turnier teilnehmen kann, oder sollte man hier vorab noch weiter an der Beziehungsstruktur arbeiten? Denn wenn grundsätzliche Themen in der Erziehung im Turnier ausdiskutiert werden müssen, ist das Mensch-Hund-Team noch nicht bereit dafür. Wer allerdings merkt, dass sein Hund aufgrund des kontextbezogenen Lernens im Turnier ein paar Fragen stellt, die eigentlich bereits geklärt sind und dann sachlich und fair ausdiskutiert werden können, sollte die Situation unbedingt als Trainingseinheit nutzen. So kann der Hund lernen, dass Regeln auch im Turnier gelten, die zu Hause und auf dem Hundeplatz bereits besprochen wurden.

## MARKIEREN

Das Verunreinigen des Platzes, beispielsweise das Markieren der Geräte und der Parcoursfläche, führt direkt zur Disqualifizierung. Die Regel wird so streng gehandhabt, weil es zum einen zeigt, dass der Hund entweder zuvor nicht zum Lösen auf eine geeignete Fläche gelassen wurde oder dass er das Markieren der Kommunikation mit seinem Menschen vorzieht und der Sport für ihn zweitrangig ist. Tritt der Hund beim Turnier an, wird davon ausgegangen, dass die Regel des Verunreinigens bereits ausdiskutiert und abgeschlossen wurde. Zudem führt das Markieren zur Ablenkung der anderen Teams im Parcours und zu neuen Pinkeltätern. Sollte einem während des Parcours ein solcher Markierunfall passieren, empfehle ich, trotz Disqualifikation in die erzieherische Kommunikation zu gehen und dem Hund auch hier direkt zu erklären, dass das Verhalten unerwünscht ist. Das gilt selbstverständlich nicht für ein normales oder stressbedingtes Lösen.

*01 Das körpersprachliche Arbeiten kann außerhalb des Curvingsports im Alltag trainiert werden.*

*02 Ava und Keevi akzeptieren die körpersprachliche Grenze, ...*

*03 ... bis ich den Raum wieder freigebe und die Hunde wieder in meine Nähe kommen dürfen.*

# DER HANDTOUCH

**Der HandTouch ist eine sehr einfache Übung mit großer Wirkung. Der Hund soll die Handfläche mit seiner Nase berühren, sobald ihm diese auffordernd hingehalten wird.**

Hier kann die zuvor beschriebene Lerntheorie in der Praxis ausprobiert und geübt werden. Das hilft später ungemein, wenn die Übungen komplexer werden. Der HandTouch ist die Grundlage für den Curvingsport und taucht immer wieder in den Übungen auf. Außerdem ist er auch im Alltag sehr praktisch.

## SCHRITT 1

Der Besitzer kniet vor seinem Hund und hält beide Hände hinter dem Rücken versteckt. In einer Hand befindet sich eine Belohnung, und zwar zwischen dem Daumen und der Handfläche. Die Hand wird nach vorn genommen und mit geringem Abstand vor die Hundenase gehalten. Der Hund riecht das Leckerchen und berührt mit der Nase automatisch die Hand. In dieser Sekunde ertönt das Markersignal und das Leckerchen wird freigegeben. Zwischen dem Markersignal und der Freigabe des Futters liegt eine kurze Zeitspanne von ein bis zwei Sekunden. Im Anschluss wird die Übung mit dem Futter in der anderen Hand wiederholt. Der Hund lernt, dass es sich lohnt, die Hand nach Futter abzusuchen, und verknüpft das Zeigen der Hand zum einen mit einer positiven Erwartungshaltung, zum anderen führt er bereits unbewusst die Handlung aus, die wir später auch ohne Futter abrufen möchten – die Bewegung der Nase zur Handfläche. Nach einigen Wiederholungen ist die Grundlage für den HandTouch gelegt.

**TIPP**

Filme dich bei der Übung und prüfe dein Timing. Eventuell hast du dich für ein Markersignal entschieden. Wendest du es der Lerntheorie entsprechend an? Videos können uns im Nachhinein gut dabei helfen, unser Training zu reflektieren.

## SCHRITT 2

Wir starten in der gleichen Position wie bei Schritt eins, doch nun nutzen wir die gute Vorarbeit, um den Hund unbewusst in die gewünschte Handlung zu bringen. In einer Hand hält der Besitzer hinter seinem Rü-

*Hat der Hund das Sichtzeichen verstanden, kann es aus verschiedenen Positionen abgerufen werden.*

cken ein Leckerchen, während die andere Hand ohne Futter gezeigt wird. Wieder wird die Handfläche angeboten, nur diesmal ohne Futter. Da der Hund jedoch zuvor mehrfach die Erfahrung gemacht hat, etwas in der Hand zu finden, ist die Wahrscheinlichkeit sehr groß, dass er auch jetzt danach sucht. Er berührt die Hand mit seiner Nase, das löst das Markersignal aus und die Belohnung wird mit der anderen Hand freigegeben. Während dieses Schritts ist es gut, wenn die Hand sehr schnell und noch recht nah angeboten wird. Der Hund soll gar nicht erst auf die Idee kommen, es könnte nichts in der Hand sein. Daher bietet sich auch der Wechsel zwischen Schritt 1 und Schritt 2 immer wieder an. So kann er nie wissen, wann die Hand leer ist und wann er etwas darin findet. Diese Übung wiederholt man so lange, bis der Hund zuverlässig zur leeren Handfläche geht und diese anstupst.

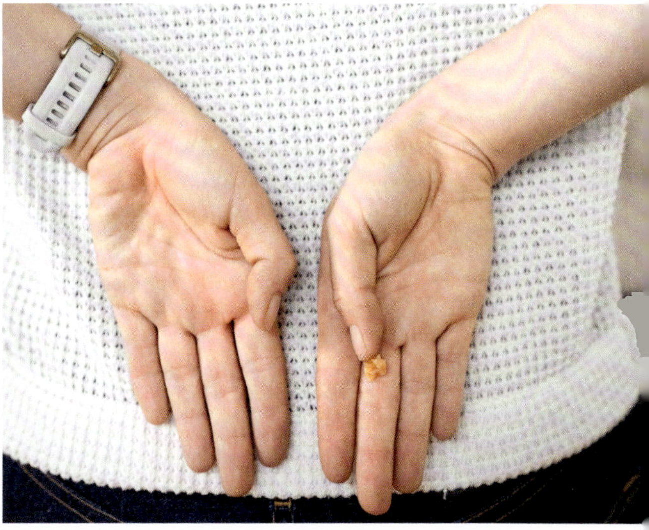

*Die Hand in der sich das Leckerchen befindet, variiert von Mal zu Mal.*

## SCHRITT 3

Wir starten erneut mit beiden Händen hinter dem Rücken, verändern aber dieses Mal den Abstand der Hand zur Hundenase, zunächst um wenige Zentimeter, dann nach und nach um eine immer größere Distanz. Während das Training anfangs noch im Knien vor dem Hund stattfindet, kann man im weiteren Verlauf auch stehen und sich ein Stück weit vom Hund entfernen. Dabei wird der Schwierigkeitsgrad immer an den Hund angepasst.

## SCHRITT 4

Jetzt wird der Hund zum Denken animiert. Dieser Teil ist der spannendste, denn nun haben wir ihm einige Male erklärt, wie er ans Ziel kommt, und bauen die Hilfen ab. Es passiert schnell, dass man gleich helfen möchte, doch es lohnt sich, den Vierbeiner – egal, wie alt er ist – nachdenken und ihn die Aufgabe selbstständig lösen zu lassen. Das fördert zum einen das Selbstvertrauen und unterstützt dementsprechend das selbstständige Mitarbeiten später im Parcours, zum anderen ist es ein unheimlich gutes Gefühl, selbst etwas geschafft zu haben und stolz auf sich sein zu dürfen. Das Training startet kniend oder sitzend vor dem Hund. Beide Hände sind hinter dem Rücken versteckt, nur in einer Hand befindet sich die Belohnung. Diese Hand wird nun so nach vorn gehalten, dass der Hund das Futter zwar wahrnimmt, aber nicht nehmen kann. Direkt im Anschluss wird ihm mit einem gewissen Abstand die futterfreie Handfläche gezeigt. Für viele Hunde ist es in dieser Situation erst einmal schwer, sich von der Futterhand zu lösen. Sie scheint der direkte Weg zum Erfolg zu sein, und so probieren die Hunde zunächst einiges aus, um diese Hand zu öffnen. Sie kratzen daran, versuchen, mit der Zunge zwischen die Finger zu kommen, bellen oder winseln. Manche zeigen sogar Spielaufforderungen. Diese Bemühungen werden vom Besitzer entspannt ignoriert, solange sich der Mensch noch wohlfühlt und der Hund sich in einem adäquaten Stresslevel befindet. Wurden die anderen Schritte gründlich geübt, kommen die meisten Hunde schnell auf die Idee, sich von der Futterhand zu lösen und die gezeigte Handfläche zu berühren. Dieser Erfolg wird natürlich unmittelbar und gebührend gefeiert. Anfangs sind die Hände dabei noch sehr nah aneinander, um den Weg für den Hund zu erleichtern. Danach werden sie immer weiter auseinandergehalten. Nach einigen Wiederholungen haben die meisten Hunde das Prinzip verstanden und suchen automatisch nach der freien Handfläche, um die Futtergabe auszulösen.

*Im letzten Schritt muss Keevi sich für die freie Hand entscheiden, um das Futter zu erhalten.*

# FÜHR- UND BELOHNUNGSHAND

**Wer ein Mensch-Hund-Team beim Curven beobachtet, bemerkt an erster Stelle den Einsatz der Arme, denn der Curver führt seinen Hund vor allem mit visuellen Signalen durch den Parcours. Doch dabei „sprechen" nicht nur die Arme, sondern der ganze Körper!**

Die Hüften und Fußspitzen werden gedreht, die Schultern laden ein oder blockieren, der Körperschwerpunkt wird stetig verlagert. Das Gesamtbild aller Bewegungen leitet den Hund in seiner nächsten Handlung an. Eine besondere Rolle spielen dabei die Arme. Sie erklären dem Hund durch verschiedene Ausrichtungen präzise, was als Nächstes kommt, informieren ihn über die Laufrichtung und -strecke und verstärken die Aussage anderer Bewegungen, wie das Drehen der Hüfte, das Strecken des gesamten Körpers oder die Rückwärtsbewegung. Der erste Einsatz der Arme beginnt beim Führen und Belohnen. Wahrscheinlich ohne es bewusst wahrzunehmen, wurden bereits beide Optionen beim HandTouch trainiert. Während die freie Hand den Hund zu sich führte, kam die andere beim Belohnen zum Einsatz. Aus dieser kleinen Geste entwickelt sich später die gesamte Führung im Parcours, woraus sich die Bezeichnung Führhand ableitet. Die Belohnungshand hingegen spielt nur während des Aufbaus eine wichtige Rolle, mit zunehmender Ausbildung wird sie immer mehr abgebaut. Die Belohnungshand wird nur selten zur Führhand, umgekehrt ist dies jedoch gerade im Trainingsaufbau immer wieder möglich. Manch ein Hund lässt sich anfangs nicht dafür begeistern, der Führhand zu folgen, weshalb man ein Stück Futter zur Hilfe nehmen kann. Allerdings wird der Hund bei richtigem Verhalten aus der Belohnungshand gefüttert und das Lockleckerchen bleibt in der Führhand für die Wiederholung. So lernt der Hund schnell, dass es sich auch ohne Futter lohnt, der Führhand zu folgen.

**Führ- und Belohnungshand sind nicht festgelegt, sondern sind von der jeweiligen Übung abhängig.** Nicht nur die Fähnchen werden in verschiedenen Richtungen umrundet, auch einige Übergänge wie Cross oder Bounce, sollten in beide Richtungen ausführbar sein. So wechseln sich die Führhände immer wieder ab und sollten gleichermaßen trainiert werden – auch wenn jeder meiner Kunden bisher eine „Schokoführhand" hatte und auch ich mich von dieser Vorliebe für eine Seite nicht freisprechen kann.

# DAS UMRUNDEN | AROUND

**Nun stehen wir das erste Mal vor der Curvingstange, um mit ihr zu arbeiten. Erst wenn der Hund das Umrunden an sich verstanden hat, können weitere Stangen in das Training mit einbezogen werden.**

Um möglichst schnell auf Entfernung curven zu können, ist es von Vorteil, den Hund zum Mitdenken anzuregen. Daher wird im Aufbau immer so viel Hilfe wie nötig und so wenig wie möglich angeboten. Ein Hund, der ausschließlich mit dem Leckerchen vor der Nase um die Stange herumgeführt wird, achtet nur bedingt auf seine Handlung und bekommt im schlechtesten Fall gar nicht mit, dass er gerade um eine Stange gelaufen ist. Zudem ist es wichtig, ein Gefühl dafür zu bekommen, wie die Arme beim Umrunden eingesetzt werden. Denn entgegen der häufigen Annahme, den Hund mit der entgegengesetzten Hand um die Stange zu ziehen, ist die linke Hand immer für das linksseitige Umrunden zuständig und die rechte Hand entsprechend für das rechtsseitige Umrunden. Diese Regel finden wir auch im Regelwerk wieder:

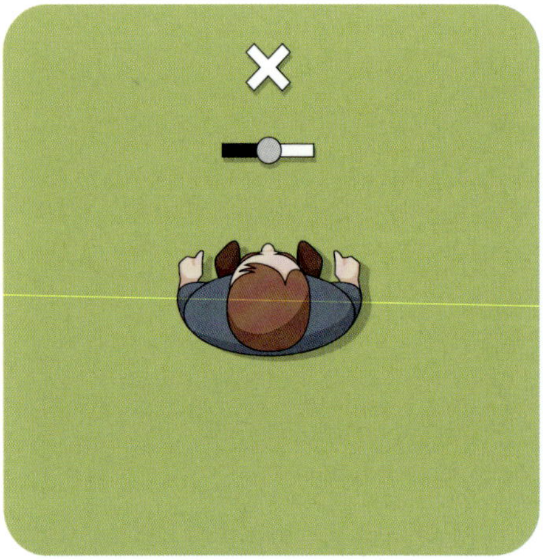

*Im ersten Schritt wird der Hund hinter der Stange auf 12 Uhr belohnt.*

**Technische Regel 1 | Handwork**
Die linke Hand ist für das linksseitige Umrunden zuständig,
die rechte Hand für das rechtsseitige Umrunden.

Es ist zwar möglich, das Umrunden mit dem entgegengesetzten Arm beizubringen, führt aber beim Curven dazu, dass der Hund die falsche Hand mit dem Umrunden verknüpft. Daher sollte von Anfang an mit der richtigen Hand gearbeitet werden.
Im folgenden Abschnitt befassen wir uns intensiv mit dem sogenannten Uhrenprinzip, das sich als besonders verständliche Variante für den Aufbau erwiesen hat.

Die Übung ist somit:
Aktion | **Schwarz** = Action | Black = A | B

Aktion | **Weiß** = Action | White = A | W

## UMRUNDEN | 12 UHR

In dieser Übung lernt der Hund, die Stange von links nach rechts zu umrunden. Der Besitzer stellt sich so nah vor die Stange, dass er beide Hände hinter sie führen kann, denn in diesem ersten Schritt wird nur im Nahbereich gearbeitet. Sein Hund wartet neben ihm auf der linken Seite. Die Belohnung hält der Curver in der rechten Hand (Belohnungshand), während die linke Hand als Führhand dient.
Diese führt den Hund nun so weit hinter die Stange, bis sich seine Nase auf 12 Uhr befindet. Genau in dem Moment wird mit der Belohnungshand an exakt diesem 12-Uhr-Punkt bestätigt. Danach wird die Übung beendet und, je nach Hund, einige Male wiederholt. Wie bereits im vorherigen Textabschnitt beschrieben, lassen sich einige Hunde ohne Belohnung in der Hand nicht führen, weil sie nicht gelernt haben, dass das Folgen zum Erfolg führt. Die linke Hand darf daher, wenn nötig, ebenfalls eine Belohnung halten. Die Belohnung erfolgt dennoch über die Belohnungshand und die zusätzliche Hilfe wird wieder abgebaut, sobald der Hund das Prinzip verstanden hat.

## UMRUNDEN | 3 UHR

Der Hund hat jetzt bereits gelernt, sich hinter die Stange zu bewegen und diese auch wahrzunehmen. Im nächsten Schritt beginnen wir mit der gleichen Startposition, doch nun zieht die Führhand den Hund nicht auf 12 Uhr, sondern auf 3 Uhr.
Durch das bisherige Training wurde die Erwartungshaltung aufgebaut, dass sich die Bestätigung in der anderen Hand befindet. Der Hund richtet seine Aufmerksamkeit automatisch auf die Belohnungshand. An dieser Stelle ist eine Portion Feingefühl gefragt. Die Belohnungshand soll den Hund nun so um die Stange ziehen, dass er diese

*Während hier die linke Hand führt, …*

*… wird über die rechte Hand belohnt.*

einmal umrundet hat. Biete ich die Belohnungshand zu früh an, besteht die Gefahr, dass der Hund kehrt macht und auf der linken Seite zurückläuft, um sich die Bestätigung zu holen. Daher darf die Belohnungshand zunächst noch bei 12 Uhr gezeigt werden, bis der Hund mit der Schulter die Stange umrundet hat. Nun zieht der Curver die Hand auf 3 Uhr und belohnt an dieser Stelle. Im Lauf der Wiederholungen wird

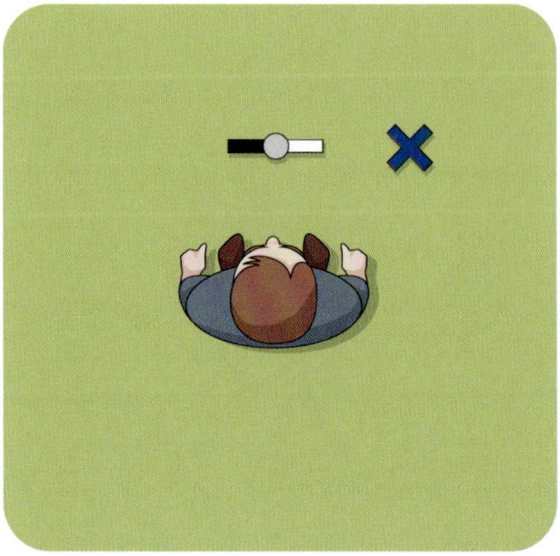

*Der Belohnungspunkt verschiebt sich auf 3 Uhr, der Hund umrundet die Stange zu drei Vierteln.*

*Die Führhand sollte immer einen gewissen Abstand zur Hundenase haben.*

*Die Belohnung erfogt erst auf 12 Uhr, dann auf 3 Uhr und im letzten Schritt auf 6 Uhr.*

die Hilfe der Belohnungshand in kleinen Schritten abgebaut. Am Ende der Übung läuft der Hund selbstständig um die Stange und die Belohnungshand kommt erst zum Einsatz, wenn der Hund bei 3 Uhr angekommen ist.

## UMRUNDEN | 6 UHR

Erneut startet der Curver direkt vor der Stange mit dem Hund an seiner linken Seite. Der Beginn der Übung gleicht dem Schritt zuvor. Ist der Hund jedoch über den kritischen Punkt hinweg, sodass er die Stange sicher umrundet, bewegt sich der Curver im flotten Tempo ein bis zwei Meter rückwärts. Durch die einladende Körperbewegung wird der Hund dazu animiert, seinem Besitzer zu folgen, und erhält bei seiner Ankunft die Bestätigung. Die entstehende Dynamik motiviert viele Hunde dazu, sich gemeinsam mit ihrem Besitzer zu bewegen, und bringt noch mehr Spaß ins Training. An dieser Stelle kann man auch die Übung **Futterfolgen** als Variante einbauen, sodass der Hund das Futter jagen darf und noch mehr Dynamik entsteht. Bei besonders energetischen Hunden empfehle ich jedoch das Gegenteil:

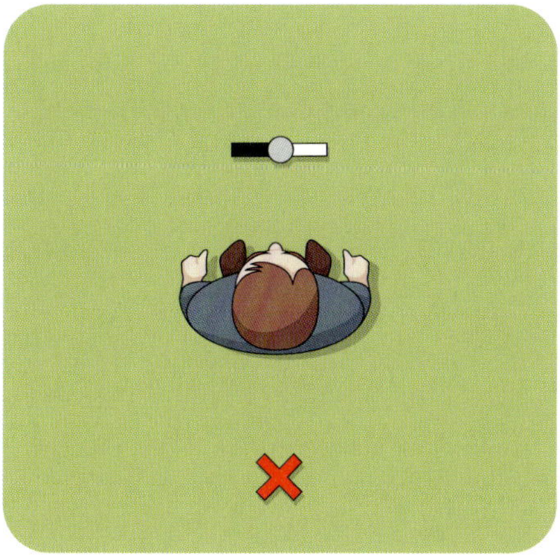

*Geschafft! Der Hund umrundet nun die Stange komplett.*

Die Rückwärtsbewegung wird langsamer ausgeführt und der Hund statisch belohnt.

### WORTSIGNAL?

Manch einer mag sich fragen, ob das Umrunden mit einem Hörzeichen belegt werden kann, um die Handzeichen abzubauen. Da Curving jedoch eine Sportart ist, die vor allem über die Körpersprache geführt wird, ist ein Abbau der Sichtzeichen nicht erwünscht. Je leiser Mensch und Hund beim Parcours sind, desto mehr liegt der Fokus auf dem körpersprachlichen Führen, deswegen geht das Regelwerk sowohl in der technischen, als auch in der Stilnote auf die Akustik bei Mensch und Hund ein. An dieser Stelle sehen wir uns zunächst die technische Regel an:

**Technische Regel 2 | Verbal Signal**
Akustische Signale sind, mit Ausnahme spezifischer Regeln, nicht erlaubt.

Durch diese Regel wird verhindert, dass der Hund bei jeder einzelnen Farbaktion verbal angeleitet wird und der akustische Anteil dadurch zu groß wird. Es gibt zudem Figuren und Übergänge, bei denen ein Wortsignal sinnvoll ist, da der Hund seinen Menschen bei der Ausführung aus den Augen verliert und so erst recht spät wieder Blickkontakt aufbauen kann, um die Führung zur nächsten Aktion zu erkennen. Auf diese einzelnen Figuren und Übergänge gehen wir später im Buch noch genauer ein.

## SELBST DENKEN

Der Hund hat das Grundprinzip verstanden und umrundet die Stange aus der Nähe sicher und zuverlässig. Es beginnt die Phase, in der der Abstand zwischen Curver und Hund ausgebaut wird – und somit auch die Phase des Selbsterarbeitens. Diese Phase ist für viele Hundebesitzer schwierig, da die Hilfen abgebaut werden und ein größerer Trainingsschritt ohne konkrete Anleitung stattfindet. Der Hund muss sich diesen Schritt nun selbst erarbeiten. Das bedeutet: Feingefühl für den Punkt, an dem die Hilfe eingestellt wird, Geduld und ein gutes Timing!

### KÖRPERSPRACHE DES MENSCHEN

Der Abstand des Besitzers zur Stange beträgt nun ca. 1 Meter. Je nach Hund kann er verkleinert oder vergrößert werden. Der Start ist an der Ausgangsposition, Curver und Hund halten Blickkontakt. Beinah zeitgleich zum Arm bewegt sich das linke Bein einen Schritt nach vorn, der Arm zieht direkt nach und bildet zwischen Unterarm und Oberarm einen rechten Winkel. Die Hand ist flach ausgestreckt, der kleine Finger verläuft parallel zum Boden. Nun schwenkt auch der Kopf und mit ihm der Blick Richtung Fahne. Das Körpergewicht wird dabei auf den linken Fuß verlagert und die ganze linke Seite des Körpers angespannt. Die linke Fußspitze zeigt zur Stange, während der rechte Fuß nur noch mit den Zehenspitzen den Boden berührt. Die linke Schulter zieht nach vorn, während sich die rechte Schulter nach hinten schiebt. Die Hüfte macht es den Schultern gleich.

## WAS MACHT DER HUND?

Wurden die Schritte eins bis drei vorab gründlich erarbeitet, sollte der Hund nun in der Lage sein, den Abstand zwischen der Stange und seinem Besitzer zu überbrücken und sie selbstständig zu umrunden. Manche Hunde warten auf eine stärkere Hilfe, sie suchen Blickkontakt oder kommen nach wenigen Schritten zurück. Ist der Hund bereits vorgegangen, dreht sich dann jedoch mit dem ganzen Körper um und hat somit eine ungünstige Position eingenommen, ist es nicht klug abzuwarten. Für den Hund ist es sehr schwierig, aus dieser Position wieder herauszufinden, deswegen helfen wir nach und beginnen erneut in der Startposition mit dem gleichen Maß an Hilfe wie zuvor. Jetzt heißt es: abwarten! Mein Blick fixiert die Fahne, ohne weiter nachzuhelfen. Der Körper ist leicht nach vorn gelehnt und zeigt somit ebenfalls die Richtung an. Es ist hilfreich, sich während der Übung immer wieder selbst zu reflektieren und seine Körpersprache bewusst wahrzunehmen. In vielen Fällen erwischt man sich dabei, dass man die Hand doch noch ein Stück näher an die Stange heranführt oder die Führbewegung wiederholt, denn unsere Hunde sind es gewöhnt, uns nach Hilfe zu fragen. Doch es lohnt sich, hier die Verantwortung abzugeben und den Hund den Schritt allein machen zu lassen. In der selbsterarbeitenden Phase soll er die Chance bekommen, allein auf die richtige Idee zu kommen. Der Curver gibt eine leichte Hilfe mit der Führhand und friert dann förmlich ein. Die meisten Hunde lösen „das Rätsel“ nach einigen Sekunden und laufen um die Stange herum. Dann kann überschwänglich gelobt und belohnt werden. Manche Hunde brauchen länger, manchmal 30 oder 40 Sekunden. Diese Zeit geben wir ihnen und bleiben geduldig. Selbst erarbeitetes Verhalten wird immer besser abgespeichert. Zudem zeigen viele Hunde mehr Freude am selbstständigen Arbeiten und führen die Aktionen mit mehr Motivation und Zuverlässigkeit aus. Erst wenn der Hund deutlich anzeigt, dass er keine Idee hat, setzen die Hilfen ein. Es ist ein schmaler Grat zwischen Fördern und Frustrieren! Die Aufgabe des Curvers besteht darin, den Stand des Hundes zu erkennen und genau die Hilfe zu geben, die nötig ist.

*Den Hund denken zu lassen und nicht zu viel zu helfen, ...*

*... wirkt auf die meisten Hunde sehr motivierend. Wenn sie die richtige Lösung gefunden haben, sind sie sehr stolz auf sich.*

*Bei guter Vorarbeit reagiert der Hund bereits auf feine Signale.*

# DER ABSTAND

**Eine Herausforderung im Curvingsport ist die Distanzarbeit. Zwischen Curver und Stange liegen bis zu 7 Meter Abstand, bis zu den Geräten kommen etwa weitere 3 Meter dazu. Somit muss sich der Hund ca. 10 Meter von seinem Besitzer entfernen, während er dauerhaft den Kontakt aufrechterhält.**

Der Aufbau der Distanzarbeit ist eine Gratwanderung und bedeutet, seinem Hund ein gewisses Maß an Vertrauen entgegenzubringen. Es gilt: So viel Hilfe wie nötig, aber so wenig wie möglich. Denn es besteht die Gefahr, dass das Mensch-Hund-Team bei einem bestimmten Abstand hängen bleibt, weil dieser gut funktioniert und der Besitzer somit immer die gleiche Hilfe gibt. Die folgenden Übungen helfen dabei, nicht in unbewusste Rituale zu verfallen. Beim Training der einzelnen Figuren ist es anfangs nicht notwendig, sich die Führzone einzuzeichnen, doch wer sich im Parcours nicht sicher ist, ob er nicht zu viel Laufstrecke macht, tut gut daran, mit einer sichtbaren Begrenzung zu arbeiten. Dafür bietet sich Kreidefarbe in Sprühdosen an. Relevant wird die Führzone erst später im Wettbewerb. Für den alltäglichen Curvingsport reicht das Bauchgefühl und möglicherweise einen Beobachter von außen, der sagt: „Dein Hund schafft das allein!"

**Technische Regel 3 | Guiding Zone**
Der Mensch befindet sich mit beiden Füßen immer innerhalb der Führzone.

Die Voraussetzung für das Abstandstraining ist die Kenntnis über die Entfernung zur Stange, die vom Hund bereits zuverlässig gearbeitet werden kann. Von dieser Position aus erhöht der Curver den Abstand nur in geringem Maße. Für uns Menschen scheint die Veränderung nicht so groß zu sein, doch unseren Hunden fällt die Übertragung oft schwer und sie müssen das Prinzip erst begreifen. Zudem müssen sie sich von dem Objekt ihrer Begierde – der Belohnung in der Hand des Menschen – lösen. Es gibt mehrere Möglichkeiten, sich selbst und dem Hund das Abstandstraining zu erleichtern und den Fortschritt zu kontrollieren.

## POSITIONSMARKIERUNG

Die schlichteste Übung zum Thema Distanzarbeit ist das Markieren der eigenen Position. Hierzu kann eine Decke, ein Target oder ein Pylon verwendet werden. Um den Hund nicht zu frustrieren, beginnt die Übung mit einem Abstand, den der Hund sicher und mit Freude arbeitet. Die Positionsmarkierung wird in kleinen Schritten von der Stange wegverlagert. Da diese Übung sehr monoton ist, sollten einige Spieleinheiten, andere Aufgaben oder Pausen für Abwechslung sorgen. Die Erfahrung zeigt, dass wenige, lustige und erfolgreiche Übungen später deutlich sicherer abrufbar sind als unzählige Wiederholungen.

01

## ABBAU DER ARMHILFE

Die Bewegung der Arme spielt beim Curven eine große Rolle. Es muss zumindest grob darauf geachtet werden, in welchem Winkel, in welche Richtung und in welcher Höhe etwas über die Arme angezeigt wird. Neben diesen drei Komponenten ist die Art und Weise der Armbewegung ausschlaggebend für eine erfolgreiche Distanzarbeit. Der Hund sollte nicht über die Bewegung nach vorn „geschoben" werden, sondern nur über das Anzeigen aus eigenem Antrieb heraus loslaufen. Je schwungvoller der Arm nach vorn gezogen wird, desto mehr helfe ich. Wer seine gesamte Hilfe schon im Nahbereich einsetzt, wird später in der Distanzarbeit Schwierigkeiten bekommen. Der Abbau der Armhilfe ist daher ein wichtiger Schritt. Bei einigen Hütehundrassen kann ein weit ausgestreckter Arm auch dazu führen, dass der Hund über das Ziel hinausschießt. Liefe der Hund beim einfachen Around auf die Linie des äußeren Rechtecks, gäbe es für das Team im Turnier weniger Punkte in der Bewertung.

**Technische Regel 4 | Zones**
Beim Around darf der Hund die Linie des äußeren Rechtecks nicht betreten.

Die Stange wird in dieser Übung im Nahbereich gearbeitet, die der Hund im Training sicher umrundet. Um bewusst auf die Armhilfe zu achten, bietet es sich an, dass der Curver mit dem Ellbogen die Taille berührt und diese Position beim Anzeigen beibehält. Durch den Körperkontakt des Arms ist eine schwungvolle Armbewegung nur bedingt möglich. Hat der Hund die Übung verstanden, wird die Seite gewechselt und der Abstand nach und nach vergrößert.

## STANGENWALD

Um sich von dem gewohnten Abstand zu lösen, eignet sich ein sogenannter Stangenwald. Es werden mehrere Curvingstangen in unterschiedlichem Abstand zueinander aufgebaut. Der Curver läuft mit seinem Hund durch den „Wald" und schickt ihn beliebig um die Stangen. Wichtig ist, dass der Hund dabei immer im Fluss bleibt. Dadurch wird der gewohnte Abstand automatisch verändert und variiert mit jeder neuen Stange. Die für das Curven unübliche Dynamik des Curvers und die Unvorhersehbarkeit während dieser Übung motivieren viele Hunde zu mehr Geschwindigkeit. Diese Übung lässt sich gut zu Beginn des Trainings einbauen. Wer kein Equipment für den Stangenwald hat, kann eine passende Waldfläche aufsuchen, die im Freilauf genutzt werden darf. Dabei sollte vorab sichergestellt werden, dass keine Verletzungsgefahr durch Totholz oder Erdlöcher besteht. Hier werden die Signale und körpersprachlichen Feinheiten genauso eingesetzt wie im Curvingparcours, und der Hund wird in fließenden Bewegungen von einem Baum zum nächsten gearbeitet. Auch die Übergänge lassen sich so gut integrieren. Schwierig wird es, wenn viele Bäume nah beieinanderstehen und nur eine präzise Anleitung des Curvers sowie das feine Zuhören und Folgen des Hundes zum Ziel führen. Man sollte bedenken, dass nicht jeder Hund das Umrunden der Curvingstange auf einen Baum übertragen kann und man dies gegebenenfalls separat üben muss.

01 *Oftmals möchten wir körpersprachlich mehr Hilfe geben, als es für den Hund notwendig ist, denn er reagiert auf feinste Signale.*

02 *Erst wenn der Hund die Stange sicher umrundet hat, geht die schiebende Hilfe in die ziehende Hilfe über.*

03 *Im Anschluss darf gern ein gemeinsames Spiel folgen.*

*02*

*03*

# FEHLERMANAGEMENT

**Etwas Neues zu lernen bedeutet auch, Fehler zu machen und sich mit diesen Fehlern auseinanderzusetzen, um besser zu werden. Nicht das fehlerfreie Laufen ist entscheidend, sondern der richtige Umgang mit den Fehlern.**

## DIE STIMMUNG

Bereits beim Umrunden der Stange kann einiges schiefgehen. Es beginnt bei der Stimmung, mit der man in das Training geht. Deswegen möchte ich noch einmal auf die Bedeutung des State of mind zurückkommen, über das wir bereits zuvor gesprochen haben. Viel zu häufig werden die Hunde etliche Male um die Stange geschickt, so lange, bis sie gänzlich die Lust daran verlieren. Bei meiner Chihuahua-Hündin Keeva hatte ich anfangs Sorge, sie könne sich für den Sport vielleicht nicht so begeistern, wie ich es mir wünschen würde. Deshalb habe ich mit ihr besonders kurze und lustige Einheiten eingebaut und heutzutage ist sie ein wahrer Curvingfan. Der erste Fehler beginnt also häufig damit, die Stimmung des Hundes außen vor zu lassen und den Hund mit stupiden Wiederholungen ein und derselben Übung zu langweilen.

*„Wer einen Fehler macht und ihn nicht korrigiert, begeht einen zweiten."*
KONFUZIUS

## ÜBERFORDERUNG

Der zweite Fehler, der häufig begangen wird, ist, den Hund zu überfordern. Spätestens wenn er wenige Male hintereinander nicht zum Erfolg gekommen ist, sollte man einen Schritt zurückgehen. Wer dennoch ehrgeizig beim gleichen Schwierigkeitsgrad bleibt, erhält als Antwort meist einen frustrierten Hund. Das kann sich auf unterschiedliche Art und Weise äußern.

### INDIZIEN FÜR FRUSTRATION SIND:

- Frustrationsbellen, Dauerbellen (nicht zu verwechseln mit Motivationsbellen)
- Unaufmerksamkeit, nicht „zuhören"
- Beschäftigung mit anderen Reizen wie Schnüffeln, Markieren etc.
- Das Anbieten verschiedenster Verhaltensweisen, die nicht gefragt sind
- Hektik und unkontrolliertes Arbeiten
- Maßregeln des Besitzers durch Zwicken, Anrempeln, Anbellen

Erwischt man sich dabei, zu große Schritte gemacht zu haben, ist das kein Grund zur Sorge. Kurz durchatmen, eine kleine Pause einlegen und das eigene Training reflektieren ist an dieser Stelle ein wertvoller Prozess. Die gemeinsame Arbeit macht nur Freude, wenn die Aufgaben für den Hund lösbar sind. Aus diesem Grund ist es wichtig, kleine Schritte und viele Pausen zu machen, aber vor allem auch, den Hund in seiner Motivationslage zu erkennen und die richtige Lernatmosphäre zu schaffen.

## GRENZEN

Geduld, Verständnis und Selbstreflexion sind die Grundlage, um den Hund zu schulen. Dennoch gibt es Grenzen, die nicht ignoriert werden sollten. Maßregelt der Hund seinen Menschen körperlich, ist eine Grenze überschritten. Möglicherweise werden im Sport ungeklärte Themen in der Beziehungsstruktur aufgedeckt, jedenfalls steht eine erzieherische Frage im Raum, die besprochen werden muss. Es ist in Ordnung, dass der Hund seinen Frust ausdrückt. Es ist sogar wichtig, denn nur so kann man das Training anpassen. Gleichzeitig hat mein Hund zu keiner Zeit das Recht, mich zu verletzen oder mir Schmerzen zuzufügen. Wir wollen respektvoll und wohlwollend miteinander umgehen – das gilt für beide Seiten. Es ist eine wichtige Grundlage, den Umgang miteinander zu besprechen, und zwar genau in dem Moment, in dem es zu Unstimmigkeiten kommt. Die Erziehung hat immer Vorrang und sollte die Zeit bekommen, die sie benötigt. Wer halbherzig streitet, bekommt meistens auch nur eine halbherzige Einigung. Beim Fehlermanagement in dieser Phase schaue ich genau hin. Welche Stimmung bringt mein Hund mit und wie kann ich sie anpassen? Wie verhält er sich mir gegenüber? Wie gut bin ich als Lehrer bei diesen ersten Übungen? Wie fühle ich mich in dieser Position? Hat man Baustellen gefunden, lohnt es sich, sich diesen intensiv zu widmen, bevor neue Elemente geübt werden.

*Es gehört zu jedem Lernprozess dazu, Fehler zu machen.*

*Boxerhündin Lotti entscheidet sich für die falsche Stange.*

*Hier darf man gern schmunzeln und die Übung wiederholen.*

*Die Figuren*

# DIE INNERE ACHT | INNEREIGHT

**Herzlichen Glückwunsch! Mit erfolgreichem Abschluss der ersten beiden Übungen hat der Hund bereits gelernt, eine Stange sicher zu umrunden und somit wurde der Grundstein für die gemeinsame Curvingkarriere gelegt.**

Nun folgt die erste Figur. Dafür bietet sich die innere Acht, auch InnerEight genannt, an, weil sie besonders leicht zu führen ist. Sie lässt sich schnell beibringen, wenn der Hund die Stange von beiden Seiten sicher umrunden kann, denn diese werden bei der InnerEight miteinander kombiniert:

Figur | **Schwarz** führt zu **Gelb**
= Figure | Black – yellow = F | B – y

Figur | **Weiß** führt zu **Blau**
= Figure | White – blue = F | W – b

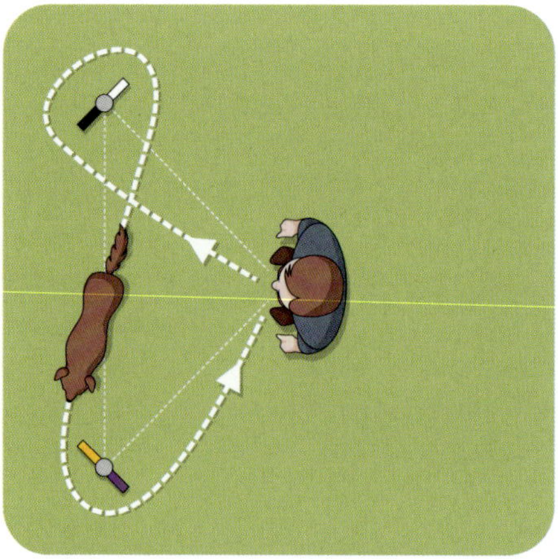

*Der Hund umrundet beide Stangen von innen in Form einer Acht. Das ist die Figur InnerEight.*

In diesem Buch tauchen bei allen Übergängen und Figuren die dazugehörigen Varianten auf Schwarz auf. Sie zeigen an, welcher Laufweg bei jeder spezifischen Kombination aus Aktionen erlaubt ist.

**VARIANTEN AUF SCHWARZ**
F | B – y

## DER ABLAUF

Der Hund umrundet insgesamt zwei Stangen. Dabei läuft er einmal zwischen beiden Stangen durch, umrundet eine der beiden Stangen und arbeitet dann, ohne zum Halter zurückzukehren, die zweite Stange. Dadurch, dass der Hund zunächst innen durch die beiden Stangen läuft, kommt die Bezeichnung InnerEight zustande.
Nachdem der Hund die Stangen in beide Richtungen umrunden kann, schult das Zusammensetzen zweier Aktionen die Körpersprache des Curvers. Bei der InnerEight kommt sowohl die schiebende als auch die ziehende Hilfe zum Einsatz und muss im richtigen Maß angewandt werden, um den Hund korrekt zu führen. Auch die Hände

werden gezielt zum Führen und Belohnen eingesetzt und der ganze Körper zeigt über Muskelspannung, Gewichtsverlagerung und Drehungen den richtigen Laufweg an. Für den Hund wird nochmals deutlich, welche Seite er bei welchem Handzeichen arbeiten soll, und er beginnt die Aktionen in einer fließenden Bewegung zusammenzusetzen.

**Technische Regel 5 | Starting pole**
Der Parcours startet immer mit der Startstange Schwarz/Weiß.

Da jeder Parcours mit der Startstange Schwarz/Weiß beginnt, werden alle Figuren in diesem Buch an dieser Stange gestartet. Eine Ausnahme bilden der SpinningTop und der Rabbit, da beide nur in Kombination mit den Geräten ausführbar sind. Davon abgesehen können alle darauffolgenden Figuren und Übergänge auch in Kombination mit den anderen Farbstangen ausgeführt werden. Zu Beginn stehen die beiden Stangen in geringem Abstand voneinander entfernt. Der Curver und die beiden Stangen bilden ein Dreieck, wobei der Curver die Spitze ist. Damit die InnerEight nicht zur OuterEight wird, muss der Hund am Anfang der Übung immer zwischen den Stangen hindurchgeschickt werden.

## 1. DER NAHBEREICH

Im Training starten wir mit dem Aufbau auf die rechte Stange: F | B – y
Der Curver schickt seinen Hund mit der linken Hand auf Schwarz, nimmt ihn mit der rechten Hand deutlich an und schickt ihn dann weiter auf Gelb. Jetzt steht er noch so nah, dass der Hund direkt mit der Hand angenommen werden kann, später soll er den Abstand zu seinem Besitzer wahren und eine runde Acht laufen, ohne zwischendurch heranzukommen.

*Um die innere Acht laufen zu können, muss der Hund …*

*… das beidseitige Umrunden der Stange beherrschen.*

Während sich der Curver beim Schicken nach vorn bewegt, das Gewicht auf das vordere Bein verlagert und mit seinem Arm zur Stange zeigt, wird der Hund beim Herankommen freundlich eingeladen. Der Curver macht sich dabei klein und dreht sich leicht nach links vom Hund weg, während er sich zuvor beim Schicken gestreckt hat.

## ZWISCHENBELOHNUNG

In der Aufbauphase darf der Hund bei Bedarf gern eine Zwischenbelohnung erhalten, bevor er zur zweiten Stange geschickt wird. Dafür wird er mit der rechten Hand angenommen und bereits vor dem Füttern in die Laufrichtung der zweiten Stange gezogen. Man sollte darauf achten, dass der Hund durch die Belohnung nicht die Position verlässt, also weiterhin zur zweiten Stange hin ausgerichtet ist. Viele Hunde laufen die InnerEight jedoch auch ohne Zwischenbelohnung, weshalb die Entscheidung je nach Hund individuell getroffen werden sollte.

## ZUR NÄCHSTEN STANGE

Nach der Annahme wird der Hund über die rechte Hand und die schiebende Hilfe wieder nach vorn geschickt. Erst wenn der Hund die Stange umrundet hat, findet eine erneute Gewichtsverlagerung vom vorderen auf das hintere Bein statt, wodurch der Hund körpersprachlich zum Halter gezogen wird. Die körpersprachlichen Hilfen sind bei der InnerEight anfangs etwas ungewohnt, deshalb empfehle ich ein paar Trockenübungen vorab, ohne Hund, um den Ablauf zu verinnerlichen. Gleichzeitig bietet die InnerEight nicht so viele Möglichkeiten, Fehler einzubauen, als manch eine andere Figur. Die Übung wirkt sich positiv auf die Führungsqualitäten aus und sollte so oft wiederholt werden, bis sie im Nahbereich flüssig gezeigt wird. Denn neben den technischen Regeln beinhaltet die Bewertung beim Curven auch eine Stilnote, die das Team im Ausdruck, in der Teamarbeit und im Bewegungsablauf einschätzt.

**Stilregel 1 | Best route**

Der Hund nimmt, angepasst an seinen Typ und seine Geschwindigkeit, die kürzeste Strecke für den Parcours.

Die erste Regel besagt, dass der Hund den kürzesten Weg nehmen soll, ohne Umwege, Schlenker oder unangemessen große Bögen zu laufen. Dadurch ergeben sich einheitlich vorgegebene Laufwege für die Figuren und Übergänge. Dennoch wird berücksichtigt, dass jeder Hund sein eigenes Tempo und seine persönliche Art hat zu laufen, wodurch individuelle Laufwege entstehen. Auch die Geschwindigkeit variiert von Hund zu Hund – und das ist erlaubt, denn beim Curven geht es nicht um die höchste Geschwindigkeit, sondern vor allem um die fehlerfreie Ausführung und den Eindruck des jeweiligen Mensch-Hund-Teams. Trotzdem gibt es zur Geschwindigkeit eine Regel, die besagt, dass der Hund sein Tempo nicht beliebig wechseln sollte. Bis auf die Gangart Schritt ist alles erlaubt. Der Hund darf durch den Parcours traben, galoppieren oder hüpfen, solange seine Gangart nicht aus körperlichen Beschwerden heraus gewählt wurde, ist alles gern gesehen.

**Stilregel 2 | Walking style**

Der Hund läuft den Parcours in ein und derselben Gangart, ausgenommen Schritt.

Für ein optimales Training ist es ratsam, die InnerEight so lange zu üben, bis der Hund einen weichen Bewegungsablauf ohne Tempowechsel zeigt.

## 2. DER ABSTAND

Erfahrungsgemäß funktioniert diese Figur in kurzer Zeit recht zuverlässig, und der Curver kann sich nach und nach von den Stangen entfernen und gleichzeitig den Abstand zwischen diesen erhöhen. Im zweiten Schritt wird darauf geachtet, den Hund früh genug mit der neuen Führhand anzunehmen und weiterzuschicken, damit er nach dem Umrunden der Ausgangsstange nicht zu weit in das Curvingfeld hineinläuft. Gleichzeitig drückt der Curver den Hund mit seiner Körpersprache von sich weg zur Zielstange. Dafür kann der Körper seitlich zum Hund gedreht werden, sodass die Hüfte und die Schulter nach außen zeigen und der Weg zum Menschen geschlossen wird. Generell sollte der Hund den kürzesten Laufweg nehmen und somit im Nahbereich der beiden Stangen bleiben, allerdings darf er während der InnerEight nicht in die Führzone kommen.

**Spezifische Regel: InnerEight**
Der Hund darf im Übergang von der ersten zur zweiten Stange nicht in die Führzone kommen.

*01 – 02 Die Bildreihe zeigt Hund und Halter bei der inneren Acht auf Weiß.*

*03 – 04 Gut zu erkennen: Der Einsatz der ziehenden und der schiebenden Hilfe.*

*Die Übergänge*

# DAS HERUM | BACK | ⟩

**Die erste Figur haben wir gemeistert, doch noch stehen wir nicht im Curvingfeld. Zum Glück ist das Ziel näher, als manch einer glaubt. Denn, sobald das Back gelernt wurde, ist das Team bereit, sich in die Führzone zu stellen und echte Curvingluft zu schnuppern.**

Im Gegensatz zu den Farbaktionen ist das Back ein Übergang, der nah am Menschen in der Führzone stattfindet. Der Hund umrundet die erste Stange, wird von seinem Menschen angenommen und hinter dem Rücken herumgeführt, bevor er zur zweiten Stange geschickt wird. Dabei bleibt der Mensch zu den beiden Stangen hin ausgerichtet und dreht sich nicht mit seinem Hund mit. Manche Curver verwenden jedoch übergangshalber eine Drehung, wenn sie das Back noch nicht gelernt haben. Herausfordernd bei diesem Übergang ist, dass der Hund kurzzeitig den Kontakt zu seinem Menschen verliert. Dennoch gehört das Back zu den leichteren Übergängen.

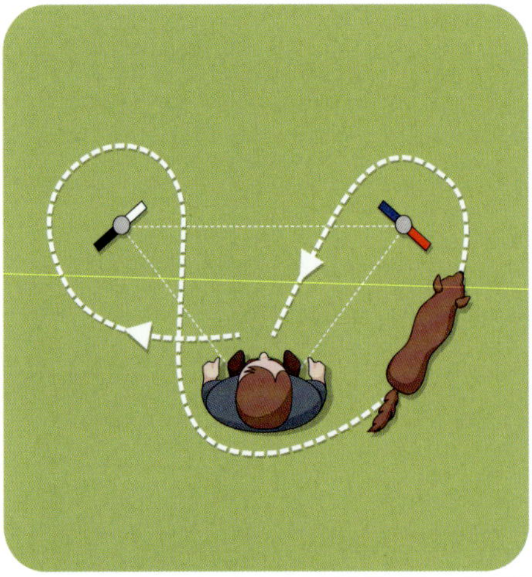

*Die Grafik zeigt das Back auf Schwarz.*

## DIE SCHREIBWEISE

Bevor wir mit dem Aufbau starten, tauchen wir noch kurz in die Schreibweise ein. Bisher kennen wir als Übergang nur die Leading-Line. Diese wird nun durch das Symbol für das Back ersetzt. Die Symbolsprache für die Übergänge haben wir im vorangegangenen Kapitel bereits kurz angerissen. Jeder Übergang hat ein eigenes Symbol, dass zwischen den Farbaktionen stehen kann. Das Zeichen für Back ist: ⟩

Von **Schwarz** aus, hinter dem Rücken her, zu **Rot** = Black back red = B ⟩ r

Von **Weiß** aus, hinter dem Rücken her, zu **Rot** = White back red = W ⟩ r

Doch wie können wir das Beschriebene benennen? Eine Sequenz: S | ist es nicht, denn dafür brauchen wir mindestens vier Farbaktionen. Auch die Beschreibung Figur: F | passt nicht mehr, denn eine Figur beinhaltet niemals einen aktiven Übergang. Stattdessen

*Labrador Maggy hört gut zu.*

*Die einladende Hand zieht den Hund ...*

*... in die richtige Position.*

finden wir in diesem Beispiel eine Kombination verschiedener Aktionen vor, weshalb A | für Aktionen nun am Anfang steht:

A | B ⟩ r A | W ⟩ r

Während die Farbe der ersten Stange wechselt, bleibt die Farbe der zweiten Stange gleich. Das hat einen wichtigen Grund, denn eine Regel beim Curving besagt, dass die Führhand, sobald der Hund vom Curver weggeschickt wird, nicht mehr gewechselt werden darf. Diese Regel sorgt dafür, dass die Parcours möglichst flüssig gelaufen werden. Sie wird uns noch öfter begegnen:

**Technische Regel 6 | Handchange**
Ein Handwechsel darf nicht vor dem Curver und zugleich von ihm weg stattfinden.

Der Hund wird daher nach dem Back immer auf die äußere Stangenseite geschickt. Aber genug theoretisches Wissen an dieser Stelle. Nun widmen wir uns dem Aufbau und starten ohne Stangen. Der Hund lernt im ersten Schritt zunächst einmal, sich hinter seinem Menschen zu bewegen.

## ANNAHME IM RÜCKEN

Im Idealfall hat der Hund bereits gelernt, ein kleines Stück von seinem Besitzer entfernt stehen, sitzen oder liegen zu bleiben und auf eine neue Anweisung zu warten. So kann der Mensch sich seitlich zu ihm stellen, die vom Hund abgewandte Belohnungshand mitsamt Leckerchen hinter sei-

*Aufmerksamkeit ist die Basis für jedes Training.*

*Durch die körpersprachliche Einladung kommt Maggy.*

nen Rücken führen, sodass sie für ihn gut sichtbar ist, und ihn daraufhin zur Hand lotsen. Sobald die Hundenase die Hand berührt, wird das darin gehaltene Leckerchen freigegeben. Sollte der Hund noch nicht zuverlässig bleiben, kann man ein Leckerchen im richtigen Abstand seitlich von sich wegwerfen, sodass man einen Moment Zeit hat, sich richtig zu positionieren, während der Hund das Futter sucht. Sobald er sich einem wieder zuwendet, beginnt man mit der Aufgabe. Diese Methode ist für viele Mensch-Hund-Teams stressfreier und bringt auch eine gewisse Dynamik in das Training. Kommt der Hund zuverlässig zur Hand hinter den Rücken, kann man zum zweiten Schritt übergehen.

## ANNAHME AN DER SEITE

Nun verändert sich die Position der vom Hund abgewandten Hand. Diese befindet sich nicht mehr hinter dem Rücken, sondern seitlich am Oberschenkel. Der Hund muss jetzt selbstständig hinter dem Rücken bis zur Hand laufen, um sich dort seine Belohnung abzuholen. Zu Beginn kann es sinnvoll sein, die Hand noch am ersten Belohnungspunkt zu belassen und den Hund dann leicht nach vorn neben sich zu ziehen. Spätestens nach ein paar Wiederholungen sollte man den Hund jedoch selbst denken lassen und die lockende Hilfe abbauen. Die Hand wird seitlich ruhig neben den Körper gehalten und der Hund darf auf das Auflösesignal und die Einladung über die Führhand hin versuchen, die richtige Lösung herauszufinden. Die meisten Hunde wissen sehr schnell, was wir uns von ihnen wünschen. Manch ein Hund kommt nicht gleich auf die richtige Lösung und braucht Hilfe. Das liegt oft daran, dass das Training zuvor nicht intensiv genug ausgefallen ist. Hat er das Rätsel gelöst und sich seitlich neben seinen Menschen positioniert, darf eine Party gefeiert werden. Stolz ist ein Gefühl, das ins Hundetraining gehört und viel zu selten authentisch ausgedrückt wird. Man darf gemeinsam lachen und sich feiern. Jeder erfolgreiche Schritt führt zum großen Ganzen.

*Die Arme und die Gewichtsverlagerung …*

*… helfen Maggy dabei, ihren Laufweg zu finden.*

## WINKEL VERÄNDERN

Wie wir wissen, lernen Hunde in Bildern. Bisher hat der Hund gelernt, seitlich zu seinem Menschen zu starten. Diese Startposition verändern wir jetzt und lassen den Hund etwas schräg versetzt vor uns loslaufen. Dafür nehmen wir wieder unsere Führhand zur Hilfe, die den Hund deutlich einlädt. Natürlich ist es nicht nur der Arm, sondern der ganze Körper, der die ziehende Hilfe ausdrückt. Sobald der Hund mit seinem Kopf die Seite seines Menschen erreicht hat, wechselt die Hand und das Gewicht verlagert sich auf die vom Hund abgewandte Seite. Durch diese Bewegung wird der Hund deutlich auf die andere Seite eingeladen und läuft im Idealfall bereits hinter seinem Menschen her zur Belohnungshand. Dieses Bild hatte er zuvor in Schritt 2 bereits abgespeichert. Nach und nach setzen sich die einzelnen Teile nun zum ganzen Puzzle zusammen. Zuerst die Bewegung hinter dem Menschen, dann das seitliche Positionieren und zum Schluss den recht frontalen Start auf den Besitzer zu.

## DIE AUSGANGSSTANGE

Nun fehlen nur noch die beiden Stangen, um den Übergang abzuschließen. Wir beginnen mit der Ausgangsstange und haben nun die Möglichkeit, den Hund entweder um Weiß oder um Schwarz zu schicken. Soll er danach auf Rot laufen, ist es etwas einfacher, mit Weiß zu starten, da es aus dieser Position heraus beinahe unmöglich ist, den Hund falsch anzunehmen. Das Team startet, der Hund befindet sich auf der rechten Seite des Curvers und wird von dort aus auf die weiße Fahne geschickt. Bereits bei der Annahme zeigt der Curver nun deutlich mit der linken Hand über einen einladenden Bogen an, dass das Back folgt. Dabei wird das Gewicht auf das linke Bein verlagert, der Kopf kann ebenfalls als Hilfestellung nach links gedreht werden. Ab dieser Stelle wird ersichtlich, ob der Hund das Training zuvor verstanden hat und nun hinter dem Curver her zur rechten Seite läuft. Dort wird der Hund belohnt. Das kann nun gern auch sehr dynamisch über den Einsatz eines Spielzeugs passieren.

## DIE ZIELSTANGE

Im letzten Schritt geht es nur noch darum, die zweite Stange zum Training hinzuzufügen. Der Ablauf bleibt wie gehabt, der Hund wird nochmals belohnt, sobald er auf der rechten Seite seines Menschen angekommen ist und daraufhin weiter zur zweiten Stange geschickt. Diese Übung wird einige Male wiederholt, bis der Hund den Bewegungsablauf verinnerlichen konnte. Danach lässt der Curver die Zwischenbelohnung weg und schickt den Hund direkt aus dem Back auf die zweite Stange. Die Kombination aus allen Elementen sollte nach wenigen Wiederholungen flüssig funktionieren. Hat der Hund Schwierigkeiten, den Übergang und das anschließende Weiterschicken umzusetzen, empfehle ich, die zuvor genannten Schritte intensiver zu trainieren und den Bewegungsablauf besser einzuüben. Gerade zu Beginn des Trainings ist es für den Hund leichter, wenn sich der Mensch noch einen Schritt in Richtung Stange bewegt. Dabei sollte man darauf achten, das richtige Bein nach vorn zu setzen. Wird der Hund um Weiß geschickt, bewegt sich das rechte Bein. Nach dem Back macht der Curver ebenfalls mit dem rechten Bein einen Schritt vorwärts, um den Hund zur roten Fahne zu schicken.

## ANNAHME VON INNEN

Natürlich muss das Back, wie jede andere Figur und jeder andere Übergang auch, von beiden Seiten geübt werden. Außerdem fehlt uns an dieser Stelle noch die Annahme von innen, die sich ein klein wenig schwieriger gestaltet als die Annahme von außen. Dabei führt der Curver den Hund beispielsweise um Schwarz und muss ihn daraufhin eng auf seine linke Seite ziehen, um in das Back gehen zu können. Da manche Hunde einen besonders großen Bogen laufen, kann es also durchaus vorkommen, dass der Hund deutlich einladend auf die richtige Seite gezogen werden muss, um nicht verkehrt zu laufen. Die Fehlerquote ist bei diesem Laufweg somit etwas höher. Die Annahme von innen sollte unbedingt mit einer Zwischenbelohnung verstärkt werden. Im Idealfall direkt bei der Ankunft auf der linken Seite des Curvers und dementsprechend noch vor dem Back. Meist reicht es nicht, nur den Arm deutlich einzusetzen, man muss den Hund mit dem ganzen Körper auf die linke Seite ziehen. Bei besonders schnellen Hunden bietet sich übergangsweise auch eine akustische Hilfe wie ein lang gezogenes „Hier" an. Es gibt einige Möglichkeiten, das Back von der Farbe Schwarz aus zu integrieren. Sowohl das Back auf ein und dieselbe Stange als auch auf zwei benachbarte Stangen ist erlaubt.
Wer die InnerEight und das Back mit seinem Hund häufig genug wiederholt und geübt hat, ist bereit, um sich das erste Mal in ein Curvingfeld zu stellen und seinen ersten Parcours zu laufen!

---

**VARIANTEN AUF SCHWARZ**

A | B ⟩ r
A | B ⟩ B
A | B ⟩ p
A | B ⟩ W

---

*01*

*02*

*03*

*04*

*05*

*01 Maggy wird von ihrem Menschen auf die Ausgangsstange Weiß geschickt.*

*02 Die linke Hand zieht sie zurück, ...*

*03 ... anschließend wird sie ins Back geführt. Hier gibt es eine Zwischenbelohnung.*

*04 Im nächsten Schritt wird sie ohne Zwischenbelohnung aus dem Back auf Rot geschickt.*

*05 Nach dem Umrunden ist die Übung abgeschlossen.*

# DER ERSTE PARCOURS

## — *Nähe & Distanz für ein intensives Miteinander*

# DIE PARCOURS | DER BEAGLE

**Der erste Parcours, den wir gemeinsam laufen, ist eine Kombination aus der Figur InnerEight und dem Back: der Beagle. Die Parcours im Curving wurden nach Hunderassen benannt.**

Wir werden daher später noch dem Whippet, dem Havaneser und einigen anderen Rassen begegnen. Obwohl beide Elemente gelernt wurden, stürzen wir uns nicht ohne Planung in die Umsetzung, sondern üben die verschiedenen Figuren und den Übergang erst getrennt voneinander. Dafür brauchen wir alle vier Stangen und einen Abstand, den wir erfolgreich meistern können. Ich empfehle, im sogenannten Babyparcours zu starten. Darin stehen die Stangen gerade einmal 3 Meter auseinander, wodurch sich der Curver kaum mitbewegen muss. Zudem ist der Abstand für die meisten Hunde gut zu schaffen. Diese Größe wurde zu Beginn nicht erwähnt, da sie nur für die ersten Trainings aufgestellt wird und der Parcours im weiteren Verlauf auf das Minifeld erweitert wird. Bevor es losgeht, zeigt der Curver seinem Hund einmal jede Stange, damit er sich im Feld gut orientieren kann.

Schauen wir uns nun einmal den Parcours genauer an: S | B – y ⟩ o – r

Wenn wir den Parcours in seine einzelnen Teile zerlegen, erhalten wir zweimal die InnerEight und einmal den Übergang Back. Die erste InnerEight entsteht von Schwarz zu Gelb. Zwischen Gelb und Orange wird der Hund ins Back geholt und von Orange zu Rot wird die zweite InnerEight gelaufen.

InnerEight = B – y
Back = y ⟩ o
InnerEight = o – r

## EINZELN ÜBEN

Die drei Elemente üben wir mit dem Hund einzeln, bevor wir alles zusammensetzen. Dafür starten wir mit Schwarz zu Gelb. Hat der Hund die InnerEight erfolgreich geschafft, beenden wir die Übung und starten mit Gelb, Back und Orange. Wenn der Übergang flüssig funktioniert, setzen wir nun die ersten beiden Elemente zusammen. Der Hund läuft jetzt bereits B – y ⟩ o.
Es fehlt nur noch Rot, um den Parcours zu vervollständigen. Die Farbaktion wird nicht einfach drangehängt, sondern wieder einzeln in Kombination mit Orange geübt. Im Anschluss läuft das Team den ganzen Parcours. Zu viel Ehrgeiz wäre hier fehl am Platz. Den Hund direkt in einen ganzen Parcours zu werfen, richtet manchmal mehr Schaden an, als man denkt. Es sollte uns bewusst sein, dass kleine Schritte viel effektiver sind, als zu große Sprünge zu machen. Natürlich kann der Parcours auch über Weiß gelaufen werden. Er ist dann spiegelverkehrt zu dem Parcours über Schwarz:

S | W – b ⟩ g – p

# FEHLERMANAGEMENT | PARCOURS

**Passend zum ersten Parcours im letzten Abschnitt kommt die Frage auf, wie man mit Fehlern im Parcours umgeht. Nur zu schnell hat man die nächste Farbaktion vergessen oder die falsche Hand benutzt. Vielleicht ist aber auch der Hund in die verkehrte Richtung abgebogen oder hat sich beim U in die entgegengesetzte Richtung gedreht?**

Zu jedem guten Training gehören auch Fehler. Nur durch ein gutes Fehlermanagement können Hund und Halter sich zu einem erfolgreichen Curvingteam entwickeln. Der Halter lernt, wie er seinen Körper besser einsetzt, um seinen Hund klar und deutlich zu führen. Der Hund lernt, die Signale seines Besitzers richtig zu deuten und ihn sehr fein zu lesen.

## FEHLER SEHEN

Umso wichtiger ist es, Fehler im Parcours nicht einfach zu ignorieren und über sie hinwegzuarbeiten.

*„Seid froh, wenns schwierig ist – die leichten Sachen machen alle, da ist die Konkurrenz riesig!“*
PETER HOHL

Diese Fehler sollten vielmehr gesehen, aufgegriffen und bearbeitet werden. Doch dafür ist es notwendig zu wissen, was beim Curving als Fehler definiert wird und wie man damit umgeht, wenn etwas schiefläuft. Wie in jeder anderen Sportart auch, gibt es für Curving ein Regelwerk, auf das ich an der ein oder anderen Stelle bereits eingegangen bin und an dem sich der Curver orientieren sollte. Dieses Regelwerk kann im Kapitel „Service“ nachgeschlagen werden. Ich gehe jedoch bei jeder einzelnen Aktion auf die dazugehörigen Regeln ein, sofern sie sich nicht wiederholen. Es lohnt sich, zwischendurch einen Blick in das Regelwerk zu werfen, damit sich kleinere oder größere Fehler nicht unbemerkt einschleichen und ritualisiert werden.
Das Training sollte immer so kleinschrittig wie möglich gestaltet werden, um Frustration und Stress zu vermeiden. Wer zu schnell zu viel erwartet, erreicht häufig genau das Gegenteil und arbeitet unnötig viele Fehler in das Training ein. Es ist wesentlich schwie-

riger, bereits fest verankerte und ritualisierte Fehler auszubügeln, als sie unmittelbar nach ihrem Auftreten zu korrigieren. Aber was, wenn nun dennoch ein Fehler passiert ist?

## UMGANG MIT FEHLERN

Es gibt vier wichtige Grundregeln des Fehlermanagements im Parcours:

1. Ein Fehler beendet den Parcours
2. Separation der Fehlersequenz
3. Belohnung nach der Berichtigung
4. Weiterarbeit bei letzter richtiger Aktion

### BEENDEN UND EINZELN ÜBEN

Tritt ein Fehler während eines Parcours auf, wird der Lauf direkt beendet. Das ist ausgesprochen wichtig, damit der Hund den Fehler nicht ritualisiert. Die fehlerhafte Aktion wird jetzt vom Parcours separiert und so oft wiederholt, bis sie fehlerfrei gearbeitet werden kann. Nach jedem richtigen Durchgang wird der Hund belohnt. Auf diese Weise kann er verstehen, wie die Aktion richtig durchgeführt wird, und verinnerlicht den neuen Bewegungsablauf. Das Ritualisieren falscher Bewegungsabläufe wird so im Ansatz verhindert. Arbeitet der Halter bei der ersten richtigen Ausführung direkt weiter, kann der Hund den Zusammenhang nicht herstellen. Ein häufig auftretender Fehler entsteht beim Umrunden der Stange, denn viele Hunde drehen sich vor dem Umrunden der Stange zuerst einmal zu ihrem Besitzer um. Geht der Besitzer darüber hinweg, weil der Hund die Stange dennoch umrundet hat, wird der Hund diesen Bewegungsablauf verinnerlichen und das „Around" falsch abspeichern.
Nach der Fehlerbehebung und ihrer Bestätigung arbeitet der Curver mit der letzten richtigen Aktion weiter, bevor der Fehler passiert ist. Dadurch wird die zuvor fehlerhafte Sequenz korrekt in den Parcours eingearbeitet.

**Schritt 1** Der Curver erkennt, wo der Fehler aufgetreten ist, und beendet den Parcours. In diesem Fall ist der Hund nach Gelb nicht zur Farbe Orange gelaufen.

**Schritt 2** Der Fehler wird separiert und getrennt von dem Rest des Parcours geübt. Der Hund wird nun mehrfach von Gelb zu Orange geschickt. Der Curver gibt so viel Hilfe wie nötig und so wenig wie möglich.

**Schritt 3** Der Parcours kann nun entweder wiederholt werden oder er wird ab der Aktion weitergeführt, die noch richtig war. In diesem Fall: ab Gelb.

## DAS FEHLERSIGNAL

Es ist sinnvoll, ein Signal für Fehler einzuführen. So kann dem Hund im richtigen Moment mitgeteilt werden, dass der Parcours nicht richtig ausgeführt wurde. Im Hundetraining hat sich längst das Clickertraining etabliert. Der Klick kündigt die Belohnung für korrektes Verhalten an und überbrückt die Zeitspanne, bis der Besitzer tatsächlich belohnen kann. So bleibt der Halter vom Timing her pünktlich und kann dennoch auf Abstand arbeiten.
Ein ähnliches Prinzip kommt beim Fehlersignal zum Tragen. Dem Hund wird punktgenau mitgeteilt, dass er nicht die gewünschte Handlung ausgeführt hat und die Beloh-

*Fehler sollten uns nicht frustrieren, stattdessen darf man herzlich darüber lachen.*

nung ausbleibt. Das kann beispielsweise das Signal „Fehler" oder „Falsch" mit einer immer gleichen Betonung sein.

### FRUST VERMEIDEN

Um den Hund durch das Fehlersignal nicht zu frustrieren, gehört zu jedem Einsatz des Signals eine anschließende, kleinschrittige Aufarbeitung der fehlerhaften Aktion. Der Hund muss unbedingt positiv aus der Wiederholung herausgehen.
Für einige Hunde bietet sich nach dem Fehlersignal ein Platz- oder Stoppsignal an. Gerade Arbeitshunde belohnen sich häufig über die Arbeit an sich und einige Vertreter dieser Rassen laufen nach dem Fehlersignal fröhlich weiter und nehmen falsche Bewegungsabläufe gern in Kauf. Sie flitzen einfach erneut durch den Tunnel und haben dabei jede Menge Spaß. Die ausbleibende Futter- oder Spielzeugbelohnung ist in diesem Fall minderwertiger als die Bewegung an sich.

## SEI EIN GUTER LEHRER!

Wir sollten immer davon ausgehen, dass unsere Hunde es uns recht machen möchten. Fehler und Ignoranz entstehen häufig durch kleine Missverständnisse oder durch eine zu hohe Erwartungshaltung. Wenn wir unsere eigenen Lernschritte immer kritisch reflektieren und zur Not neue Konzepte erarbeiten, verhalten wir uns fair unseren Hunden gegenüber und vermeiden unnötigen Stress und Frustration – auf beiden Seiten! In meiner Arbeit als Hundetrainerin erlebe ich häufig Mensch-Hund-Teams, die verzweifelt versuchen, sich gegenseitig ihre Bedürfnisse mitzuteilen. Leider sprechen sie zwei unterschiedliche Sprachen und können den anderen schlicht und ergreifend nicht verstehen. Das führt automatisch dazu, dass sich beide Parteien immer weiter voneinander entfernen und letztendlich die negativen Gefühle in der Beziehung überwiegen. Um Missverständnisse zu vermeiden und Kommunikationsproblemen vorzubeugen, muss der Mensch anfangen, selbst die Verantwortung für sein Team zu übernehmen, die Grundlagen des Lernverhaltens zu verstehen und die Sprache seines Hundes zu sprechen.
Nehmen wir daher die Fehler gern an und reflektieren, was dazu geführt hat. Unsere Hunde können nur so gut sein, wie unsere Kompetenz als Lehrer es zulässt. Mit einer guten Portion Wissen über das Fehlermanagement geht es nun mit einer neuen Figur wieder in das praktische Training:

*Die Figuren*

# DIE DIAGONALE | DIAGONAL

**Die Diagonale beschreibt die Strecke von einer Stange zur gegenüberliegenden Stange. Beispielsweise von der Startstange Schwarz/Weiß zur Stange Orange/Grün. Wer die Strecke im Kopf durchgegangen ist, dem wird aufgefallen sein, dass es zwei Varianten der Diagonale gibt.**

Der Hund kann diese Figur gerade von einer Stange zur gegenüberliegenden laufen (Schwarz – Orange) oder kreuzend (Schwarz – Grün). An dieser Stelle geht es erst einmal um den Aufbau der einfachen Diagonalen.

Figur | **Schwarz** führt zu **Orange**
= Figure | Black – orange = F | B – o

Figur | **Weiß** führt zu **Grün**
= Figure | White – green = F | W – g

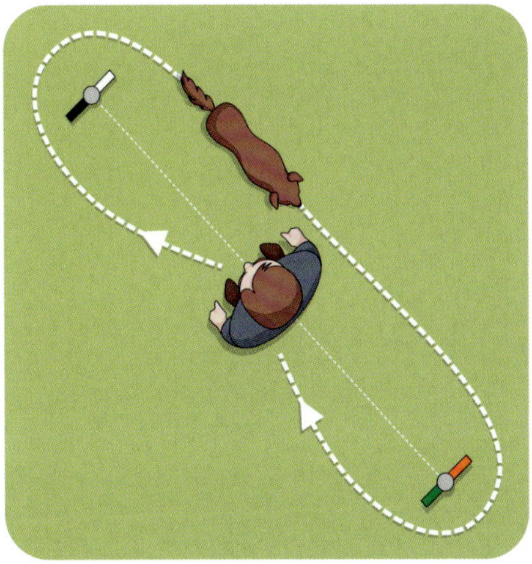

*Die einfache Diagonale auf Schwarz*

## VARIANTEN AUF SCHWARZ

F | B – o

Der Hund läuft dabei um Schwarz und wird im Anschluss auf Orange geschickt. Der Curver ist während der gesamten Ausübung der Figur in direktem Kontakt zu seinem Hund und kann ihn ohne Unterbrechung mit nur einer Führhand führen.
Das macht die Figur deutlich leichter als seinen Gegenpart: die kreuzende Diagonale. Wenn der Hund, wie im Beispiel, zunächst um die schwarze Fahne geschickt wird und dann auf Orange läuft, bleibt die linke Schulter des Curvers dem Hund weitestgehend zugewandt, wodurch er sich in der Führzone insgesamt um 180° dreht. Für das Herausschicken auf die erste Stange bewegt sich der Arm nach vorn, zieht den Hund aber nach dem Umrunden nah zu sich in die Führzone. Während der Annahme befindet sich der Körper bereits in der Drehung zur zweiten Stange, der Curver lässt den Kontakt jedoch nicht abreißen und schickt den Hund mit dem Handzeichen zur zweiten Stange weiter. Es kommt dabei immer wieder vor, dass Menschen ihre Hunde nicht im richtigen

Moment annehmen, um sie im Tempo des Hundes weiterzuschicken.
Dann wird der Arm zu schnell zur zweiten Stange bewegt und zieht den Hund nicht in die richtige Richtung mit. Um den Hund nicht auf diese Art und Weise zu verlieren, muss sich der Curver auf das Tempo seines Hundes einlassen und ihn vor dem Weiterschicken entsprechend annehmen. Es ist ein gutes Beispiel dafür, dass Führen nicht einseitig ist. Der Curver kann nur so lange führen, wie ihm sein Hund folgen kann und will. Deshalb ist das einfühlsame Einlassen auf den Curvingpartner von großer Bedeutung.

**Stilregel 3 | Smooth moves**
Hund und Halter zeigen ein aufeinander abgestimmtes, harmonisches Bewegungsbild.

*Zunächst lernt der Hund, auf das entsprechende Handzeichen hin, sicher zur Hand seines Menschen zu laufen.*

Dieses Feingefühl kann bei der einfachen Diagonalen geübt werden. Hinzu kommt das Gefühl für die eigene Position im Curvingfeld, denn während der Annahme des Hundes ist der Blick auf ihn gerichtet. Im Idealfall kann der Curver vorab einschätzen, wo die zweite Stange steht, und muss diese nicht erst beim Weiterschicken suchen. Bei dieser Figur kommen einige Komponenten zusammen, die das Team herausfordern.

## DIE ANNAHME

Für die erste Übung benötigen wir keine Stangen, denn Hund und Mensch üben zunächst die richtige Annahme. Dafür wird der Hund entweder ein Stück weit vom Curver entfernt abgesetzt, oder man wirft ein Leckerchen etwa 3 Meter weit nach vorn. Zunächst steht der Mensch seinem Hund zugewandt gegenüber und dreht sich dann mit dem Rücken zu ihm. Findet die Drehung nach rechts statt, wird der Hund zur linken Handfläche eingeladen; dreht sich der Curver nach links, findet die Annahme an der rechten Hand statt. An der jeweiligen Hand angekommen, gibt es die erste Belohnung. Für den Hund entsteht nun das Bild, dass sein Mensch mit dem Rücken zu ihm gedreht ebenfalls Signale senden kann. Der Kopf zeigt in die Richtung, in die der Hund angenommen wird, das Gewicht wird verlagert, die Schulter dreht sich leicht ein. Es gibt also einige Signale, die die richtige Richtung anzeigen.

## DIE AUSGANGSSTANGE

Im zweiten Schritt integrieren wir die erste Stange vor der Annahme. Man kann diese Übung mit einer Stange machen, für manch einen ist das Training mit beiden Stangen hilfreich, um die eigene Ausrichtung zu überprüfen. Der Curver positioniert sich

*Nach dem Schicken auf die Ausgangsstange ...*

*...kommt er so wieder zuverlässig in die Führzone.*

genau mittig zwischen beide Stangen und schickt seinen Hund um die erste Stange. Der vom Hund abgewandte Fuß bleibt in der Startposition stehen, während das andere Bein einen Schritt nach vorn macht, um den Hund in seiner Bewegung zu begleiten. Nun dreht sich der Curver zeitgleich mit seinem Hund, wobei die Schulter immer zu ihm ausgerichtet ist. Beim Schicken von links nach rechts begleitet ihn die linke Schulter. Wird der Hund von rechts nach links geschickt, dreht sich die rechte Schulter mit. Ist der Hund auf der Höhe der ersten Stange angekommen, hat sich sein Mensch dementsprechend um 90° gedreht und hat nun die Möglichkeit, den Hund mit der ihm zugewandten Hand einzuladen. Dabei dreht sich der Mensch weiter mit, sodass er frontal zur zweiten Stange steht, wenn sein Hund an der Seite des Curvers ankommt. An diesem Punkt wird der Hund belohnt und die Übung beendet.
Der Curver hat sich insgesamt um 180° gedreht und seinen Hund dabei nicht aus den Augen gelassen. Je öfter diese Übung wiederholt wird, desto automatisierter finden die Bewegungsabläufe statt und der Curver kann sich noch besser auf seinen Hund konzentrieren.

## DIE ZIELSTANGE

Im letzten Schritt wird der Hund nach der Annahme zunächst zwischenbelohnt und daraufhin zur zweiten Stange geschickt. Erst nach einigen Wiederholungen ist es sinnvoll, die Zwischenbelohnung wegzulassen und den Hund auf direktem Weg zur nächsten Stange zu schicken. Anfangs wird die Hand noch unten an der Hundenase und deutlich führend eingesetzt, nach und nach entfernt sich die Führhand in kleinen Schritten von der Hundenase. Der Prozess des Lockens wird abgebaut, bis der Hund die Hand nicht mehr als Belohnungs-, sondern als Führhand wahrnimmt. Der Hund muss weiterhin die Führzone durchqueren, denn das ist die Regel bei der Diagonalen:

**Spezifische Regel: Diagonal**
Der Hund muss beim Übergang von der ersten zur zweiten Stange in die Führzone kommen.

Erst wenn der Hund den Laufweg trotz Abbau der Zwischenbelohnung sicher einhält, hat er die Diagonale verstanden und die Stangen können in einem größer werdenden Abstand zueinander aufgebaut werden.

# ☞ DIE DIAGONALE IM ÜBERBICK

*01 – 02 Im ersten Schritt wird Farah zur Ausgangsstange geschickt und danach deutlich angenommen.*

*03 Sie folgt aufmerksam der Führhand, ...*

## PARCOURS:

### DER WHIPPET

InnerEight | Diagonal
S | B – y – r – o
S | W – b – p – g

### DER PUMI

InnerEight | Back | Diagonal
S | B – y – r ⟩ g
S | W – b – p ⟩ o

### DER LEONBERGER

Diagonal | Back
S | B – o ⟩ b – p
W | W – g ⟩ y – r

*04 ... die sie zur Zielstange schickt.*

*05 Neben Futter wird Farah auch sozial bestätigt.*

# DIE SCHLEIFE | LOOP | ⋊

**Für Mensch-Hund-Teams, die den Übergang Back bereits sicher beherrschen, wird der Loop keine große Herausforderung darstellen, denn auch bei diesem Übergang läuft der Hund einmal um seinen Menschen.**

Der Unterschied besteht darin, dass sich der Laufweg, wie der Name bereits verrät, wie eine Schleife um den Curver legt und der Hund, aus der Vogelperspektive betrachtet, seinen eigenen Weg vor dem Menschen einmal kreuzt.

Aktionen | Der Loop von **Schwarz** zu **Blau** A | B ⋊ b

Aktionen | Der Loop von **Weiß** zu **Gelb** A | W ⋊ y

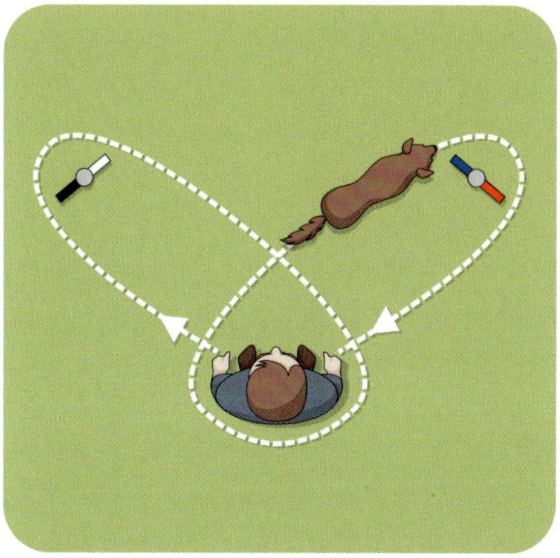

*Der Loop von Schwarz zu Blau.*

**VARIANTEN AUF SCHWARZ**

A | B ⋊ b

A | B ⋊ y

Da wir beim Back das Umrunden des Menschen bereits intensiv trainiert haben, können wir diesen Teil auslassen. Wer ihn noch nicht erarbeitet hat, springt an dieser Stelle zum Kapitel Das Herum | Back.

## DIE ANNAHME

Um das Gelernte noch einmal aufzufrischen, empfehle ich, das Back einige Male ohne Stangen zu wiederholen und den Hund somit auf den Loop vorzubereiten. Denn im ersten Schritt unterscheiden sich die Übungen nur in einem Punkt: Der Hund wird nicht frontal zu seinem Menschen auf der Seite abgesetzt, auf der er angenommen wird, sondern auf der gegenüberliegenden Seite. Er sitzt somit auf der linken Seite, mit Blickkontakt zum Menschen, wenn ihn die rechte Hand annimmt. Aus dieser Position heraus wird der Hund eingeladen und in das

*Beim Loop startet der Hund schräg gegenüber vom Menschen.*

*Und muss diesen einmal umrunden, …*

*… bevor er weitergeschickt wird.*

Back geschickt. Im Anschluss daran wird er über die Belohnungshand auf der linken Seite neben dem Bein angenommen und gefüttert. Klappt dieser Schritt zuverlässig, wird die erste Stange integriert.

## DIE AUSGANGSSTANGE

Eine weitere Gemeinsamkeit mit dem Back hat der Loop in Bezug auf das Regelwerk. Die erste Stange kann sowohl über Schwarz, als auch über Weiß in den Loop gearbeitet werden. Aber weitergeschickt wird er ausnahmslos auf eine Seite der zweiten Stange, und zwar auf die innere. Ansonsten würde vor seinem Menschen und gleichzeitig von diesem abgewandt ein Handwechsel stattfinden, was beim Curven nicht erlaubt ist. Aus diesem Grund wird der zweite Schritt mit beiden Farben der ersten Stange geübt, der dritte hingegen nur mit einer Farbe.

### BEISPIEL

Zuerst umrundet der Hund die schwarze Fahne. Um eine Schleife zu laufen, muss er anschließend mit der rechten Hand angenommen werden, damit er seinen Besitzer umrunden kann. Die Belohnung erfolgt auf der linken Seite. Diese Kombination ist die etwas leichtere Variante.
Schwieriger wird es, wenn der Hund auf die Farbe Weiß geschickt wird und nun ebenfalls auf die rechte Seite gelotst wird. Vor allem, wenn manch ein Hund zu besonders großen Bögen neigt, muss der Curver seine Körpersprache überzeugend einsetzen, um seinen Vierbeiner abzubremsen und auf die andere Seite zu ziehen. Es bietet sich durchaus an, die Belohnung zunächst direkt nach der Annahme und somit vor dem Umrunden des Curvers zu geben. Danach wird der Belohnungspunkt auf die linke Seite des Curvers verlagert. Ist dieser Schritt eingeübt, wurde der schwierigste Teil des Loops bereits gemeistert.

## DIE ZIELSTANGE

Die Zielstange mit in das Training einzubauen, ist der letzte Schritt des Loops. Es gibt an dieser Stelle kein spezifisches Training mehr, da nur noch das Umrunden aus der Ausgangsposition benötigt wird. Das Team darf an dieser Stelle einfach ausprobieren, ob die Figur bereits vollständig gelaufen werden kann. Manchen Hunden fällt es schwer, das Tempo vor dem Umrunden ihres Menschen zu drosseln, andere verfallen in den Schritt und schlendern einmal um den Curver herum. Die Herausforderung beim Loop liegt darin, die Geschwindigkeit gleich bleibend und den Laufweg optimal zu halten. Es hat sich als hilfreich erwiesen, den Schritt zur Zielstange nicht zu vergessen und so etwas mehr Dynamik ins Spiel zu bringen. Bleibt der Curver wie angewurzelt stehen, drosselt das die meisten Hunde in ihrer Geschwindigkeit.

### DIE RICHTIGE MOTIVATION

Wir sind zuvor bereits in die Welt der Motivation abgetaucht und haben uns mit dem Thema State of Mind beschäftigt. Gerade bei Übergängen wie dem Loop spielt die richtige Motivation eine große Rolle. Wer den Hund etliche Male hintereinander in den Loop dirigiert, wird als Ergebnis schnell einen lustlosen Hund haben. Deswegen empfehle ich hier unbedingt, kreativ und kurzweilig zu arbeiten. Kurze, aber spaßige Einheiten bringen viel mehr Erfolg, als unzählige Wiederholungen. Aus diesem Grund baue ich die Übergänge auf meinen Spaziergängen ein, und sorge so für Abwechslung.

**PARCOURS:**
**DER RIDGEBACK**
Back | Diagonal | Loop
S | B ⋊ b – p ⟩ o
S | W ⋊ y – r ⟩ g

*Greta hat bereits verstanden, …*

*… dass der Loop dem Back sehr ähnlich ist, …*

*… und kann die Übung schnell umsetzen.*

*Die Figuren*

# DIE GERADE | LINE

**Wer einen lauffreudigen Hund hat, wird die Line womöglich schnell zu schätzen wissen. Denn die Aufgabe besteht darin, den Hund in gerader Linie von einer Stange zur benachbarten Stange zu schicken.**

Das wäre beispielsweise die Line von Schwarz zu Blau oder von Weiß zu Gelb.

Figur | **Schwarz** führt zu **Blau**
= Figure | Black – blue = F | B – b

Figur | **Weiß** führt zu **Gelb**
= Figure | White – yellow = F | W – y

Da der Hund während der Laufstrecke eine gewisse Distanz zu seinem Menschen aufrechterhalten muss, schult die Line viele Mensch-Hund-Teams in der schiebenden Körpersprache. Die wichtigste Regel bei dieser Figur ist das Laufen einer möglichst geraden Strecke, ohne einen Schlenker zum Curver zu machen. Die Linie des inneren Rechtecks darf zwischen der ersten und zweiten Stange nicht überquert werden.

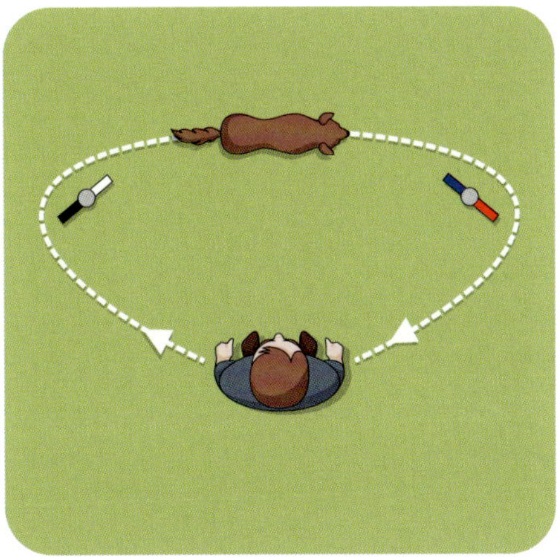

*Die Line auf Schwarz*

**Spezifische Regel: Die Line**
Der Hund darf zwischen Ausgangs- und Zielstange nicht ins innere Rechteck laufen.

## DER LAUFWEG

Um diese Regel von Beginn an einzuhalten, werden beide Stangen mit geringem Abstand zueinander positioniert. Der Curver befindet sich nah an der Laufinie und blockiert somit das Einlaufen in das innere Rechteck. Nun wird der Hund zunächst auf Schwarz geschickt und dann mit klarer Körpersprache zur blauen Fahne geführt. Die linke Seite ist dem Hund zugewandt, der linke Arm bildet einen rechten Winkel, die Hand zeigt nach oben. Der Kopf des Curvers deutet in Richtung blauer Fahne, dreht sich jedoch leicht zum Hund und die Augen folgen seinem Laufweg. Kommt der Hund bei der blauen Fahne an, ist der Mensch frontal zu ihm ausgerichtet und bereit für die nächste Aktion.

**VARIANTEN AUF SCHWARZ**
F | B – b

*Vor allem Rassen wie dem Border Collie liegt die Line im Blut.*

Der Arm und die Hand bleiben so lange anleitend gestreckt, bis der Hund an der zweiten Stange angekommen ist. Werden die Stangen zu Beginn des Trainings zu weit gestellt oder kann der Hund die Distanz zu seinem Menschen schlecht ertragen, muss an diesem Punkt angesetzt werden. Manche Hunde laufen automatisch nach innen, als wären sie mit ihrem Menschen magnetisch verbunden. Dann braucht es einen gewissen körpersprachlichen Nachdruck, um ihn auf der Line zu halten.

## DER ABSTAND

Einmal verstanden, kann sowohl der Abstand des Curvers zu den Stangen als auch der Abstand zwischen den Stangen erhöht werden. Aus der Vogelperspektive betrachtet kann man sich diesen Vorgang wie ein Dreieck vorstellen, das insgesamt immer weiter vergrößert wird. Dabei bleibt der Fokus auf dem Verbot, die Linie des inneren Rechtecks während der Line zu überqueren:

**Spezifische Regel: Die Line**
Der Hund sollte möglichst parallel zur Linie des inneren Rechtecks laufen.

**PARCOURS: DER BORDER**
Line
S|B–b–o–p
S|W–y–g–r

Um dem Hund bereits beim Umrunden der ersten Stange mitteilen zu können, dass im Anschluss die Line folgt, bietet sich ein akustisches Signal an. Für meine Hunde verwende ich das Signal „Vor“, das ich genau dann sage, wenn der Hund an der ersten Stange angekommen ist. Somit ist es nicht mehr notwendig, erst Blickkontakt zueinander aufzubauen, bevor es in die Line geht, denn in diesem kurzen Zeitraum hat der Hund sich bereits körperlich darauf eingestellt, wieder in das innere Rechteck zu kommen, und müsste seinen Laufweg korrigieren. Somit zählt die Line zu den Figuren, bei denen ein Hörzeichen sinnvoll und erlaubt ist. Das akustische Signal sollte sich deutlich im Klang von den bisherigen Worten unterscheiden.

**Spezifische Regel: Die Line**
Ein akustisches Signal gibt keine Abzüge.

*Die Übergänge*

# DREI VARIANTEN DES CROSS

**Von keinem anderen Übergang gibt es so viele Varianten – der Cross ist eine Ausnahme, denn er taucht gleich in drei Variationen auf: im FrontCross, im SideCross und im Cross.**

Alle eint, dass der Hund durch die Beine seines Curvers läuft. Doch welche dieser drei Varianten gelaufen wird, hängt von den beiden Stangen ab, die der Hund vor und nach dem Cross arbeitet.
Alle Übergänge finden in der Führzone statt – bei den Varianten des Cross wird es jedoch besonders eng. Denn der Hund läuft zwischen den Beinen des Curvers hindurch, bevor er die nächste Stange anvisiert. Das ist für einige Hunde eine Herausforderung, da sie sich entweder generell mit der Nähe schwertun oder bereits schlechte Erfahrungen damit gemacht haben, sehr eng an den Füßen ihres oder eines Menschen zu sein. Gerade bei kleinen Hunden kann es in der Vergangenheit vorgekommen sein, dass sie übersehen wurden, und sie meiden deswegen die direkte Nähe zu Füßen – eine durchaus sinnvolle Einstellung. Mit diesem Hintergrundwissen sollte der Aufbau der Cross-Übergänge mit Bedacht und Feingefühl geschehen. Natürlich gibt es auch Hunde, die damit überhaupt kein Problem haben und vollkommen sorgenfrei durch die Beine des Curvers laufen. Dann können die einzelnen Übungen einfach gekürzt oder manche Vorübungen gänzlich weggelassen werden.
Jeder Cross sollte kleinschrittig und für sich geübt werden, da unsere Hunde in Bildern und kontextbezogen lernen und somit eine direkte Übertragung nicht immer erfolgreich ist. Meistens wird das Training vom FrontCross zum Cross hin immer leichter.

*Beim Cross läuft der Hund durch die Beine des Curvers.*

| FrontCross | SideCross | Cross |
|---|---|---|
| Dieselbe Stange | Nebeneinanderstehende Stangen | Gegenüberliegende Stangen |
| Breitbeiniger Stand, frontal zur Start- und Zielstange | Seitlicher Stand, ein nach vorn gestelltes Bein | Breitbeiniger Stand, frontal zur Zielstange |

*Die Übergänge*

# DER FRONTCROSS | ∍

**Wir beginnen die Trilogie mit dem FrontCross. Dieser Übergang kann nur auf eine einzige Stange stattfinden; kommen zwei verschiedene Stangen ins Spiel, greift eine der beiden anderen Cross-Varianten.**

Der Hund umrundet zum Beispiel Schwarz und läuft anschließend auf seinen Besitzer zu, der breitbeinig und frontal zur ersten Stange ausgerichtet in die Annahme geht.

Aktionen | Von **Schwarz** über den Front-Cross zu **Schwarz** = A | B ∍ B

Aktionen | Von **Weiß** über den FrontCross zu **Weiß** = A | W ∍ W

**VARIANTEN AUF SCHWARZ**
A | B ∍ B
A | B ∍ W

*Die Grafik zeigt den FrontCross von Schwarz zu Weiß.*

Dazu führt er die Hand hinter seinem Rücken entlang zu der Position zwischen den Beinen, zu der sich der Hund in etwa bewegen soll. Die Führhand ergibt sich aus der Farbe, auf die der Hund im Anschluss läuft. Geht es auf Weiß weiter, nimmt der Curver seinen Hund mit der rechten Hand an. Der Oberkörper und der Arm des Curvers zeigen somit früh an, über welche Seite der Hund nach dem Cross herauskommen und weiterlaufen soll. Im Anschluss läuft der Hund über die rechte Seite zur Zielstange. Die Zielstange ist beim FrontCross, wie oben bereits erwähnt, immer identisch zur Ausgangsstange, die Farben hingegen können variieren.

## ANNAHME ZWISCHEN DEN BEINEN

Wir bringen dem Hund zunächst bei, durch unsere Beine zu laufen. Dafür wird das Leckerchen im ersten Schritt genau zwischen die Beine gehalten. Der Hund soll noch gar nicht zwischen den Beinen hindurchlaufen,

*Die Malinoishündin Laive wartet auf das nächste Signal.*

*Für sie stellt die Nähe zu den Beinen ihres Menschen …*

*… überhaupt kein Problem dar.*

stattdessen lernt er zuerst, die richtige Position anzupeilen und sich die Belohnung an dieser Stelle abzuholen. Hier kommt uns der HandTouch zugute, der den Hund in die richtige Position einlädt. Dafür stellt sich der Curver breitbeinig vor seinen Hund und hält die Hand an den Belohnungspunkt.

**Spezifische Regel: Der FrontCross**
Der Curver steht während der Annahme breitbeinig und frontal zur Stange ausgerichtet.

Hier gibt es kaum Raum für Fehler, da der Weg zur Hand nur wenige Zentimeter beträgt. Man erkennt relativ schnell, ob es für den Hund schwierig wird, durch die Beine seiner Bezugsperson zu laufen. Zögerliche Hunde verharren meist mit den Hinterbeinen am Ausgangspunkt und strecken den Vorderkörper weit nach vorn, um die Belohnungshand zu erreichen. Dabei kommt es häufig vor, dass sie bei jeder Bewegung ihres Menschen leicht zurückzucken. Wer seinen Hund in der Beschreibung wiedererkennt, sollte sich viel Zeit nehmen, um das nötige Vertrauen aufzubauen.
Ein eiliges Locken oder gar das Positionieren des Hundes mit den Händen führt schnell zu einem gegenteiligen Effekt. Stattdessen kann man die Nähe zu den Beinen durch tägliche Übungen positiv verstärken

*Der zweite Belohnungspunkt befindet sich an der Außenseite unmittelbar neben dem Bein.*

und den Hund beispielsweise über einige Tage oder Wochen aus der Hand füttern. Der Hund darf sich sein Futter auf eine spaßige Art und Weise in kleinen Schritten erarbeiten und man kann in vielen Fällen schnell große Fortschritte erkennen. Bei einigen Hunden kann es sinnvoll sein, sie im Training anzuleinen, um einen Rückzug zu verhindern und das Muster zu durchbrechen. Die Leine sollte jedoch nicht dazu verwendet werden, um den Hund grob in die Nähe der Beine zu ziehen! Stattdessen wird der Rückzug blockiert und der Weg zu den Beinen hin freundlich einladend geöffnet. Auch ein Pfotentarget kann beim Training helfen. Es wird zunächst mit Abstand zu den Beinen aufgebaut und dann Stück für Stück näher an den Menschen herangearbeitet.

## ANNAHME NEBEN DEM BEIN

Da die meisten Hunde wenig Schwierigkeiten mit der Nähe der Beine haben, geht es nun mit dem zweiten Schritt weiter. Der Hund soll sich nach dem FrontCross in die richtige Ausgangsposition bewegen. Dabei gibt es nicht nur eine Möglichkeit, sondern gleich zwei Richtungen, die er einschlagen kann, und es ist an uns Menschen, dass unser Hund frühzeitig erkennt, ob er danach an unsere linke oder rechte Seite kommen soll. Dafür setzen wir unseren gesamten Oberkörper ein. Da sich der entsprechende Arm zum Belohnungspunkt bewegt, muss der Curver bereits vor der Annahme wissen, wie der Parcours weitergeht. Soll der Hund nach dem FrontCross von rechts nach links umrunden? Dann nimmt ihn der rechte Arm an. Somit beugt sich der Curver mit seinem Oberkörper nach rechts, auch der Kopf dreht sich mit. Es bietet sich an, den linken Arm hinter den Rücken zu nehmen, um keinerlei Missverständnisse zuzulassen. Mit dieser Körperhaltung wird der Hund, der erneut frontal zu seinem Menschen startet, über die Hand durch die Beine gezogen

*Sobald der Hund Blickkontakt aufnimmt, …*

und auf der rechten Seite angenommen. Das Futter erhält er direkt, wenn er am zweiten Belohnungspunkt angekommen ist und sich somit rechts neben dem Curver befindet. Es sollte darauf geachtet werden, dass der Belohnungspunkt nicht zu weit vorn angesetzt wird, um den Hund optimal weiterschicken zu können. Ich persönlich bestätige aus diesem Grund direkt, wenn sich der Kopf des Hundes auf Höhe meines Beins befindet. Da nach dem FrontCross in beide Richtungen weitergeschickt werden kann, wird diese Übungen für die linke Seite genauso intensiv wiederholt.

## DIE ZIELSTANGE

Wenn die ersten beiden Schritte erfolgreich gemeistert wurden, ist der letzte Schritt nur eine geringe Herausforderung. Der Hund ist bereits an der Seite des Curvers angekommen und kann nun mit Leichtigkeit wieder zur Stange geschickt werden. Der Curver braucht sich dafür nicht einmal zu einer anderen Stange zu drehen, da beim FrontCross die Regel gilt, dass der Hund nur auf dieselbe Stange zurückgeschickt werden darf.

**Spezifische Regel: Der FrontCross**
Die Ausgangsstange ist ebenfalls die Zielstange.

Es ist dennoch sinnvoll, die Körpersprache beim Weiterschicken einzusetzen und den Hund durch einen Schritt nach vorn zu begleiten. Wenn das Schicken zur Stange und die anschließende Annahme auf die Seite des Curvers erfolgreich waren und der Hund nach der Zwischenbelohnung erneut auf die Stange geschickt werden konnte, können nun alle Schritte zusammengesetzt werden. Die Zwischenbelohnung wird nun weggelassen und der Übergang wird als Einheit gelaufen. Dabei kann es am Anfang noch etwas holprig zugehen, doch je öfter das Mensch-Hund-Team den Übergang trainiert, desto flüssiger und sicherer werden die Bewegungsabläufe.

**PARCOURS:**
**DER GRIFFON**
InnerEight | Line | FrontCross
S | B – b ∋ r – o – p
S | W – y ∋ p – g – r

*... zeigt der Curver über seine Körpersprache an, ...*

*... in welche Richtung es nach dem Cross weitergeht.*

*Die Übergänge*

# DER SIDECROSS | ∋

**Die gute Nachricht vorab: Wer seinem Hund den FrontCross beigebracht hat, braucht nicht mehr ganz so viel intensives Training für die beiden anderen Varianten.**

Der Grundstein ist gelegt und der Hund hat das Prinzip bereits verstanden. Beim SideCross ändert sich nun die Körperhaltung und es kommt eine zweite Stange ins Spiel. Orientieren wir uns an der Variante auf Schwarz, wie in der Grafik dargestellt, wird der Hund zunächst auf Schwarz und im Anschluss über den SideCross auf Rot geschickt. Selbstverständlich kann auch dieser Übergang über Weiß gelaufen werden.

**Spezifische Regel: Der SideCross**
Die Ausgangsstange ist mit der Zielstange benachbart.

*Der SideCross auf Schwarz*

**VARIANTEN AUF SCHWARZ**
A | B ∋ r
A | B ∋ p

Aktionen | Von **Schwarz** über den SideCross zu **Rot** = A | B ∋ r

Aktionen | Von **Weiß** über den SideCross zu **Lila** = A | W ∋ p

## DIE ANNAHME

Schaut man sich den SideCross aus der Vogelperspektive an, so bilden die Stangen und der Mensch gemeinsam ein Dreieck. Doch im ersten Schritt sind noch keine Stangen notwendig. Der Curver stellt sich so vor seinen Hund, dass die linke Hüfte Richtung Hundenase zeigt, also seitlich gedreht. Nun wird das vom Hund abgewandte Bein nach vorn gestellt, sodass der Hund genügend Platz hat, um durch die Beine laufen zu können. Dadurch, dass sich immer das abgewandte Bein öffnet, ist der Oberkörper des Menschen einladend zum Hund gedreht.

**Technische Regel 7 | Opposite leg**
Bei Übergängen wird immer das vom Hund abgewandte Bein nach vorn gestellt/übersprungen.

Aus dieser Übung ergibt sich auch, dass die rechte Hand zur Führhand wird. Im späteren Parcours ist es nicht notwendig, mit der linken Hand den Laufweg vorzugeben. Es reicht dem Hund zu sehen, dass sein Mensch sich mit seitlich auseinandergestellten Beinen positioniert und die Bewegung des rechten Arms, die ihn zwischen den Beinen abholt. Wer sich jedoch mit der linken Hand sicherer fühlt, kann diese selbstverständlich dazu nehmen. Hat der Hund sich die Belohnung abgeholt, bietet es sich an, einen Schritt zur Seite zu gehen und die Übung ein paarmal zu wiederholen. So braucht der Hund gar nicht neu positioniert zu werden.

## ZWEITER BELOHNUNGSPUNKT

Der Hund hat verstanden, dass es die Belohnung zwischen den Beinen aus der Hand gibt. Nun wird der Belohnungspunkt verlagert und die Hand so weit vom Bein weggehalten, dass der Hund komplett durch die Beine läuft. Dabei ist es sinnvoll, einen neuen Belohnungspunkt zu setzen, denn viele Hunde werden misstrauisch, wenn die Hand weggezogen und der Hund somit gelockt wird. Daher empfehle ich die Variante mit der festen Positionierung, weil dem Hund somit versprochen wird: „Du kannst mir vertrauen, dass es hier eine Belohnung gibt." Nach dem Belohnen darf sich der Hund aus der Situation bewegen – so, wie es für ihn am angenehmsten ist. Der Curver sollte seinen stabilen Stand so lange beibehalten, bis der Hund sich vollständig zwischen den Beinen wegbewegt hat. Es wäre schade, wenn er sich durch eine Bewegung erschrickt und der weitere Aufbau der Übung damit er-

*Der Hund wird seitlich zum Menschen positioniert, …*

*… um dann durch die Beine geführt zu werden.*

*Im Anschluss erfolgt die Belohnung.*

schwert wird. Unser Hund sollte immer das Gefühl haben, dass wir in dieser Position fest stehen und er sich sicher fühlen kann.

### GROSSE HUNDE

Besitzer größerer und längerer Rassen kommen möglicherweise ins Grübeln und fragen sich, ob die Länge ihres Arms ausreicht, um ihren Hund vollständig durch die Beine zu lotsen. Für diese Mensch-Hund-Teams bietet sich ein externer Belohnungspunkt in Form eines Targets oder eines Futternapfes an. Wir positionieren uns strategisch sinnvoll. Das bedeutet, der Futternapf wird zuerst abgestellt und ein Leckerchen hineingelegt. Der Hund schaut dabei zu. Nun wird er etwa anderthalb Meter vom Napf entfernt abgesetzt und der Besitzer stellt sich sehr nah an den Futternapf. Das vom Hund abgewandte Bein wird nach vorn gestreckt, sodass der Napf für den Hund sichtbar ist. Wir sorgen also zunächst dafür, dass der Hund keinen Fehler machen kann, wenn er den Futternapf anpeilt. Der rechte Arm zeigt deutlich auf den Napf, sodass der Hund das Schicken bewusst wahrnimmt und später gut auf das Umrunden der Stange übertragen kann. Nun wandert der Napf nach jeder Wiederholung ein Stück weiter weg, so lange, bis der Hund seinen Besitzer vollständig getunnelt hat. Es besteht hier die Gefahr, dass der Hund auf die Idee kommt, den bequemen Weg außen um den Menschen herum zu wählen. Hier ist es wichtig, schnell zu sein, ihn zu stoppen und den Abstand zum Napf zu verringern, bis er das Prinzip verstanden hat.

## DIE ZIELSTANGE

Dem ein oder anderen mag aufgefallen sein, dass wir das Training mit der Zielstange fortführen. Die Ausgangsstange wurde bewusst übersprungen, da es schwieriger ist, den Hund zur Zielstange zu schicken, nachdem er durch die Beine des Curvers gelaufen ist. Zu Beginn lassen wir den Hund die Zielstange einmal ohne Übergang umrunden, damit wir uns sicher sein können, dass er sie wahrgenommen hat. Der Curver positioniert sich nun nah an der Stange und setzt seinen Hund ebenfalls mit einem geringen Abstand links neben sich ab. Die rechte Hand nimmt den Hund zwischen den Beinen an und schickt ihn ohne Zwischenbelohnung zur Zielstange. Hat der Hund das Umrunden sicher verstanden und ist für ihn das Laufen durch die Beine kein Problem mehr, sollte diese Übung relativ schnell und problemlos funktionieren. Schafft er die Übertragung nicht innerhalb weniger Wiederholungen, sollte hinterfragt werden, ob der Abstand zu groß oder das Training zuvor nicht intensiv genug war. Ist die Übung hingegen erfolgreich, kann die andere Seite aufgebaut und der Abstand erhöht werden – sowohl zwischen dem Hund und dem Halter als auch zwischen dem Curver und der Stange.

## DIE AUSGANGSSTANGE

Im letzten Schritt wird die Ausgangsstange hinzugefügt. Wer sich unsicher ist, ob schon alles gemeinsam klappt, kann den Hund zunächst zur Ausgangsstange schicken und nochmals direkt zwischen den Beinen oder nach dem Tunneln belohnen. Ich rate dringend davon ab, Futter zu werfen, auch wenn der Hund dann einmal komplett durch die Beine läuft, weil die Gefahr so groß ist, dass er im nachfolgenden Training immer wieder nach einem Futterstück sucht, das gar nicht vorhanden ist. Wer also einen Zwischenschritt machen möchte, sollte auf eine statische Belohnung aus der Hand zurückgreifen. Nach der Belohnung schickt der Curver seinen Hund direkt zur Zielstange. Dafür ist es wichtig, dass dieser während des Zwischenbelohnens in der richtigen

*01 – 02 Nach dem Umrunden der Ausgangsstange geht es über den SideCross …*

*03 – 04 … direkt weiter zur Zielstange. Es folgt eine freudige Bestätigung für den Hund.*

Position bleibt. Ein Eindrehen würde den Laufweg erschweren und der Hund müsste vor dem Weiterschicken neu ausgerichtet werden.

Nach einigen Wiederholungen kann man die Zwischenbelohnung in den meisten Fällen weglassen und den Hund direkt weiterschicken. Das Timing des rechten Arms ist dabei sehr wichtig. Wer den Arm zu spät bewegt, bremst den Hund häufig aus. Wer ihn zu schnell nach vorn zieht, riskiert, dass er seinen Hund verliert, weil dieser nicht gut folgen kann. Man sollte sich daher in das Tempo des Hundes einfühlen und den Arm in der richtigen Geschwindigkeit und mit dem richtigen Timing nach vorn zur Zielstange bewegen. Das bedarf ein wenig Übung, wird aber nach und nach immer besser. Später im Parcours macht man sich darüber keine Gedanken mehr, weil man die Geschwindigkeit seines Hundes genau kennt und sich optimal anpassen kann.

**PARCOURS:**
**DER IRISH SETTER**

Line | Diagonal | SideCross
S | B – b – p ∋ o
S | W – y – r ∋ g

*Die Figuren*

# DIE KREUZENDE DIAGONALE | DIAGONALCROSSING

**Wir gönnen uns eine kleine Verschnaufpause vom vielen Durch-die-Beine-Laufen und lernen zunächst eine neue Figur, bevor es mit der dritten Variante des Cross weitergeht.**

Denn die Diagonale und die kreuzende Diagonale sind die Basis für den letzten Cross.

Figur | **Schwarz** führt zu **Grün** = F | B – g

Figur | **Weiß** führt zu **Orange** = F | W – o

Im Gegensatz zu der Diagonalen gibt es bei der kreuzenden Variante einen Handwechsel, der ein wenig Übung bedarf. Nicht, weil er so schwierig ist, sondern weil der Curver sich bei der Annahme in die entgegengesetzte Richtung drehen muss und wodurch nicht viel Zeit bleibt, um sich korrekt auszurichten und die Hände zu sortieren.

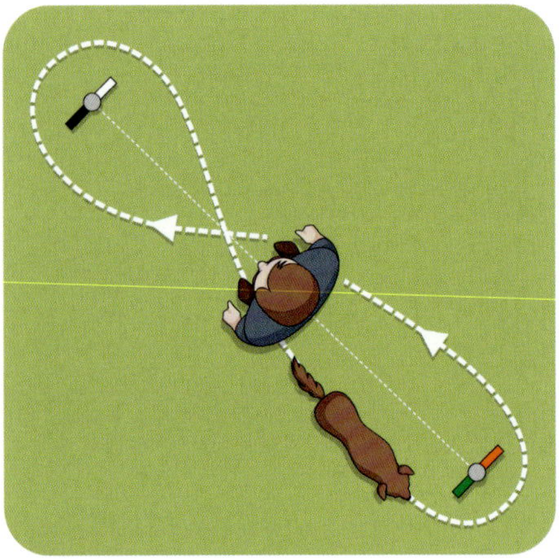

*Die Abbildung zeigt die kreuzende Diagonale von Schwarz zu Grün.*

**VARIANTEN AUF SCHWARZ**
F|B–g

## DIE ANNAHME

Um die Drehung für die Annahme richtig einzustudieren, findet die erste Übung ohne Stangen statt. Der Hund wird mit drei bis vier Metern Abstand vor seinem Menschen abgesetzt, und dieser stellt sich erst einmal vor, von welcher Seite aus sein Hund zu ihm laufen würde. Wurde er imaginär um Schwarz geschickt, müsste er daraufhin mit der rechten Hand angenommen werden, während der Curver sich mit dem Rücken zu seinem Hund dreht. An dieser Stelle kommt die Drehung ins Spiel. Theoretisch gäbe es die Möglichkeit, sich sowohl nach links als auch nach rechts zu drehen. Zum einen hat die Drehung zur rechten Seite den großen Nachteil, dass der Curver den Blickkontakt zum Hund verliert und zwar in der entscheidenden Phase des Handwechsels.

**Spezifische Regel: DiagonalCrossing**
Der Curver muss in der Drehung vor der Annahme des Hundes im Blickkontakt bleiben.

Zum anderen müsste der Curver sich bei dieser Variante der Drehung in der Aufbauphase um etwa 270° drehen, um den Hund an der richtigen Stelle annehmen zu können, während es bei der Drehung nach links nur etwa 90° sind. Bleiben wir also im Kontakt mit unserem Hund und nehmen den kürzesten Weg für die Annahme. Der Curver steht seinem Hund zunächst gegenüber und beginnt mit der Drehung exakt in dem Moment, in dem er ihn zu sich einlädt. Dafür macht er mit der rechten Hand eine einladende Bewegung und dreht sich, angepasst an das Tempo des Hundes, zunächst um 90° nach links, um dann die 180° zu vervollständigen. Der Kopf bleibt dabei die ganze Zeit dem Hund zugewandt und die Hand lädt ihn eng zu sich ein. Denn wie bei der normalen Diagonalen gilt die Regel:

**Spezifische Regel: DiagonalCrossing**
Der Hund muss beim Übergang von der ersten zur zweiten Stange in die Führzone kommen.

Diese Übung darf gern beidseitig ohne Hund geübt werden. Es mag einem zunächst merkwürdig vorkommen, aber wir haben ja bereits die Bedeutung des Vortanzens im Curvingparcours kennengelernt. Es lohnt sich für uns Menschen, Bewegungsabläufe so lange zu üben, bis sie uns in Fleisch und Blut übergegangen sind. So werden Bewegungen automatisiert gesteuert und das Bewusstsein bleibt für weniger Planbares frei.

## DIE AUSGANGSSTANGE

Jetzt wird es schnell – zumindest fühlt es sich für viele so an, und es zeigt sich, wer seine Hausaufgaben gemacht hat. Denn je sicherer wir uns in der Annahme an diesem Punkt des Trainings fühlen, desto reibungsloser funktioniert die Integration der ersten Stange. Das Ziel ist ein flüssiger Bewegungsablauf, genau angepasst an das Tempo des Hundes. Dafür begleiten wir seinen Laufweg in jedem Moment genau, wie wir es bereits bei der Diagonalen gemacht haben.

*Deutsch Drahthaar Thorin hat verstanden, …*

*… dass auch Signale kommen, wenn der Curver …*

*… mit dem Rücken zum Hund steht.*

*Erst ist die Körpersprache schiebend …*

*… danach eng einladend.*

Der Curver passt sich fließend an die Geschwindigkeit des Hundes an und dreht sich zeitgleich mit ihm mit. Die Körpersprache wechselt zwischen dem schiebenden Vorausschicken und dem einladenden Heranholen. Dabei streckt sich der Curver im Ganzen, das Bein geht einen Schritt nach vorn, er macht sich lang, der Arm zeigt deutlich auf die erste Stange. Doch sobald der Hund die Umrundung zur Hälfte durchgeführt hat, wechselt das Bild, und der Curver dreht sich einladend seitlich raus, der Arm wird zum Körper gezogen, die Schultern eingedreht. Und obwohl dieses Wechselspiel bereits recht anspruchsvoll ist, folgt im Anschluss das erneute Vorschicken zur Zielstange.

## DIE ZIELSTANGE

Kurz vor dem Ziel starten wir erneut ohne Hund mit einer Trockenübung. Wie war die Drehung noch mal genau und wohin muss

**PARCOURS:**
**DER PAPILLON**
Line | DiagonalCrossing
S | B – b – y – g
S | W – y – b – o

**DER COLLIE**
Diagonal | Line
S | B – o – p – b
S – g – r – y

**DER SPITZ**
Loop | Line | Back
S | B ⋊ b – o ⟩ y
S | W ⋊ y – g ⟩ b

**DER DACKEL**
Back
S | B ∍ g ∍ b ∍ p
S | W ∍ o ∍ y ∍ b

ich meinen Hund danach weiterschicken? Läuft er zunächst um Schwarz, nimmt ihn die rechte Hand über den Handwechsel an, wodurch der Laufweg automatisch zu der Farbe Grün führt. Ihren Namen hat die DiagonalCrossing übrigens daher, dass der Hund, aus der Luft betrachtet, seinen eigenen Laufweg einmal kreuzt, was bei der normalen Diagonalen ausbleibt. Nehmen wir den Hund in der nächsten Übung dazu, sollte der Ablauf inzwischen gut einstudiert sein und kein Problem mehr darstellen. Die vielen Wiederholungen haben sich beim Curver eingebrannt und die einzige fehlende Komponente ist nun das Schicken zur nächsten Stange nach der Annahme in der Führzone. Wer sich dabei wohler fühlt, kann bei dieser Übung eine Zwischenbelohnung einbauen und den Hund erst im Anschluss weiterschicken. So macht man sich das vorangegangene Training nicht zunichte, wenn es nicht so reibungslos laufen sollte. Klappt es mit der Zwischenbelohnung gut, wird diese langsam ausgeschlichen und die DiagonalCrossing gehört ab nun mit zu den Fähigkeiten des Curving-Teams!

*01 – 02 Das schwierigste bei der kreuzenden Diagonalen …*

*03 – 04 … ist die Drehung in die richtige Richtung bei der Annahme des Hundes.*

*Die Übergänge*

# DER CROSS | ∍

**Der letzte Cross der Trilogie ist auch der schwierigste. Doch da wir zuvor die DiagonalCrossing gelernt haben, beherrscht der Hund bereits die wesentlichen Fähigkeiten, um auch den Cross zu meistern.**

Nicht das Tunneln an sich stellt die Herausforderung dar, sondern das Weiterschicken auf die Zielstange. Denn bei dieser Variante steht der Curver mit dem Rücken zu seinem Hund und muss ihn dennoch aus dieser Position heraus gezielt auf die linke oder rechte Seite der Zielstange schicken.

Aktionen | Von **Schwarz** über den Cross zu **Grün** = A | B ∍ g

Aktionen | Von **Weiß** über den Cross zu **Orange** = A | W ∍ o

**VARIANTEN AUF SCHWARZ**
A | B ∍ o
A | B ∍ g

Da der Cross im Curvingfeld nur in Form einer Diagonalen stattfinden kann, haben wir auch hier gleich zwei Varianten: die normale Diagonale und die kreuzende Diagonale mit einem Handwechsel. Die zweite Variante ist etwas leichter, da der Hund, aus der Vogelperspektive betrachtet, einen

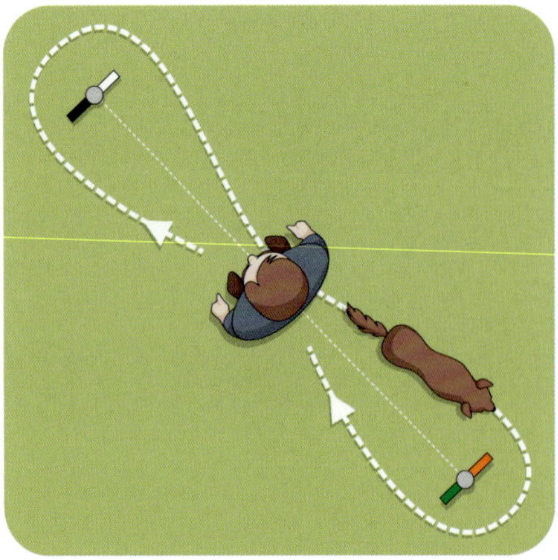

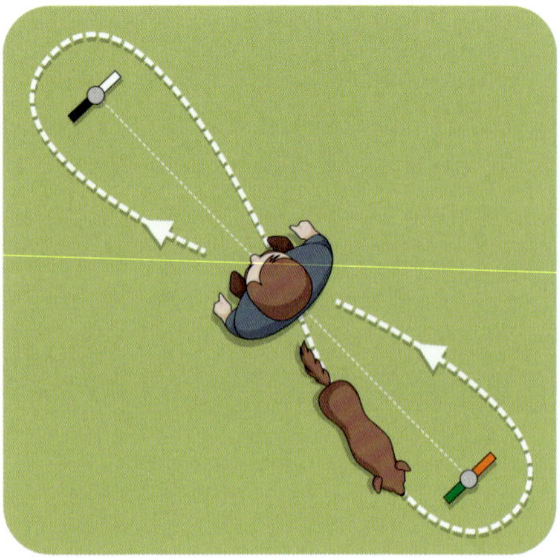

*Die zwei Varianten des Cross auf Schwarz im direkten Vergleich.*

geraden Laufweg hat und der Curver sich so gut positionieren kann, dass er den Hund bereits bei der Annahme in die richtige Richtung lenkt. Schaut man hingegen die Diagonale von oben an, muss der Hund eine leichte Rundung laufen, wodurch die Gefahr größer ist, dass er falsch abbiegt.

## DIE ANNAHME

Die Annahme beim Cross stellt eine athletische Herausforderung dar. Obwohl der Curver mit dem Rücken zum Hund steht, dreht er sich bei der Annahme mit dem Oberkörper so weit nach außen, dass er Blickkontakt zum Hund aufnehmen kann. Dabei bestimmt die jeweilige Farbe der Zielstange die Richtung, in die sich der Curver dreht, und auch die Hand, mit der er seinen Hund annimmt. Geht es im weiteren Verlauf um die rechte Fahne, neigt sich der Oberkörper nach rechts, der Kopf dreht sich zum Hund, die Hand verharrt am Annahmepunkt zwischen den Beinen, während die Füße fest an ihrer Position bleiben. Diese Bewegung wird vorerst ohne Stangen geübt. Um gleich mehrere Wiederholungen hintereinander machen zu können, werfe ich ein Leckerchen vom Hund weg und drehe mich dann erneut mit dem Rücken zu ihm. Während der Suche hat man genügend Zeit, die Beine in die richtige Position zu bringen und den Oberkörper einzudrehen. Bei der Annahme darf der Hund über die Belohnungshand gern ein paar Zentimeter aus den Beinen heraus und bereits in die richtige Richtung geführt werden. So kann er gleich lernen, wohin die Reise geht, wenn sich sein Mensch zuvor in eine bestimmte Richtung gelehnt hat. Das Leckerchen sollte nicht nach vorn geworfen werden, da das Werfen schnell mit der Zeigegeste für die nächste Stange verwechselt wird und viele Hunde dann verzweifelt den Boden abschnuppern, anstatt die Zielstange zu umrunden.

*Kennt der Hund die Position zwischen den Beinen,*

*... verläuft der Lernprozess schneller.*

*Man kann einige Wiederholungen auslassen.*

*Im dritten Schritt erklärt der Curver seinem Hund, …*

*… dass er die Belohnung zwischen den Beinen erhält, …*

*… sobald er die Ausgangsstange umrundet hat.*

## DIE ZIELSTANGE

Im zweiten Schritt wird der Hund aus der Annahmeposition heraus auf die Zielstange geschickt. Für viele Hunde ist dieser Schritt zunächst verwirrend, weil der Start zwischen den Beinen heraus noch neu ist. Daher machen wir es unseren Hunden so leicht wie möglich und stellen uns sehr nah an die Zielstange. Dabei empfehle ich eine leichte Drehung in die richtige Laufrichtung, damit der Hund sich beim ersten Training kaum vertun kann. Ein leichtes Ausrichten zur richtigen Farbseite ist übrigens auch später im Parcours erlaubt. Gehen wir bei dieser Übung davon aus, dass der Hund um Schwarz gelaufen ist, um danach auf Grün geschickt zu werden. Da wir die Ausgangsstange überspringen, startet der Hund am Annahmepunkt zwischen den Beinen und wird mit der rechten Hand deutlich nach vorn um Grün geführt. Steht die Stange zu weit weg, drehen sich einige Hunde verwirrt zu ihrem Besitzer um, weshalb der geringe Abstand zwischen Curver und Stange in diesem Schritt sehr wichtig ist. Lieber einmal öfter helfen, als den Hund zu oft zu frustrieren. Hat er die Übung einige Male erfolgreich gemeistert, darf er gern mit weniger Hilfestellung oder größerem Abstand zum Nachdenken angeregt werden. Denn nun kennt er die Bewegungsabläufe und kann die Lösung mit hoher Wahrscheinlichkeit selbst finden. In kleinen Schritten erarbeitet sich das Team nun sowohl den Abstand als auch die verschiedenen Seiten der Zielstange.

## DIE AUSGANGSSTANGE

Wieder setzen wir ein Puzzle zusammen, nachdem wir seine einzelnen Puzzleteile gelernt haben. Es fehlt nur noch der erste Teil des Übergangs, den wir hinzufügen. Der Hund wird um die Ausgangsstange ge-

schickt, nachdem der Curver sich überlegt hat, in welche Richtung er ihn weiterschicken möchte. Wie bei jeder anderen Übung auch, darf am Annahmepunkt gern zwischenbelohnt werden. Wichtig dabei ist nur, dass der Hund seine Position trotz der Belohnung beibehält, um von dort aus gut weitergeschickt werden zu können. Danach wird die Zwischenbelohnung langsam abgebaut, sodass der Hund beim Cross in einen flüssigen Bewegungsablauf kommt. Anfangs bremsen viele Hunde noch ab, weil sie sich die Zwischenbelohnung abholen wollen. Doch das intensive Vortraining zur Zielstange sollte schnell Früchte tragen.
Hat der Hund die Bewegungsabläufe verinnerlicht, sollten wir trotzdem nochmal in die Selbstreflexion gehen und unsere Körpersprache im Blick behalten. Wie klar drehe ich mich ein? Sind meine Bewegungen fließend mit denen meines Hundes oder habe ich mein eigenes Tempo und verliere ihn an manchen Stellen? Möglicherweise bin ich auch zu langsam und der Hund läuft während der Annahme mit der Nase vor meine Hand. Manchmal ist es hilfreich, sich das Feedback eines anderen Hundehalters einzuholen, mit dem man zusammen trainiert. Für die Mutigen bietet sich auch eine Videoaufnahme an. So können kleine Fehler schnell erkannt und angepasst werden.
Für mich ist es immer ein besonders gutes Gefühl, eine Figur oder einen Übergang mit meinem Hund erfolgreich abschließen zu können. Das Gefühl, im Parcours weiterzugehen, mehr Möglichkeiten zu haben und sich noch feiner verständigen zu können, ist einfach gut. Wenn wir an dieser Stelle zurückblicken, haben wir bereits einiges geschafft! Immer mehr Parcours stehen uns zur Auswahl und mit jedem Training festigen wir das Gelernte und erweitern unsere Fähigkeiten im Feld. Wer sich jetzt im Park einen Curvingparcours aufbaut, erhält bereits anerkennende Blicke und manchmal sogar Applaus.

*Während die einzelnen Elemente gut funktionieren, …*

*… kann es beim Zusammensetzen schon mal holprig werden.*

*Je intensiver die Vorarbeit, desto leichter die Übertragung.*

# VOM ANFÄNGER ZUM FORTGESCHRITTENEN

## *— Gemeinsam Herausforderungen meistern*

# DER PARCOURS MIT ZWEI SEQUENZEN

**Die Abläufe sind nun zunehmend gefestigt, die Bewegungen werden fließender und es entsteht ein tiefgreifendes Verständnis für den Sport. Wir sind aus den Kinderschuhen herausgewachsen und beginnen mit den schwierigeren Elementen.**

Ein Parcours mit zwei Sequenzen kann schneller geschafft sein, als man vielleicht zunächst annimmt. Zum einen bedeutet es nicht automatisch, dass wir das Doppelte an Aktionen haben: Der kleinste Zweierparcours hat sechs Farbaktionen – der größte zehn. Zum anderen hängt der Schwierigkeitsgrad auch von den Figuren und Übergängen ab. Wir schauen uns zunächst an, wie die Farbaktionen im Schriftbild auf die Sequenzen aufgeteilt werden. Das erste Beispiel zeigt einen Parcours mit sechs Farbaktionen:

Die Zahlen in den grünen Feldern kennzeichnen die Farbaktionen. Die orangefarbenen Kreise markieren die Übergänge. Da wir eine gerade Anzahl an Farbaktionen haben, kann der Parcours in zwei Sequenzen mit jeweils drei Farbaktionen aufgeteilt werden. Das bedeutet, dass die sechs Farbaktionen so aufgeteilt werden, dass jeweils drei von ihnen in einer Sequenz vorkommen. Eine LeadingLine wird am Ende einer Sequenz nicht mitgeschrieben, zählt aber dennoch als Übergang.

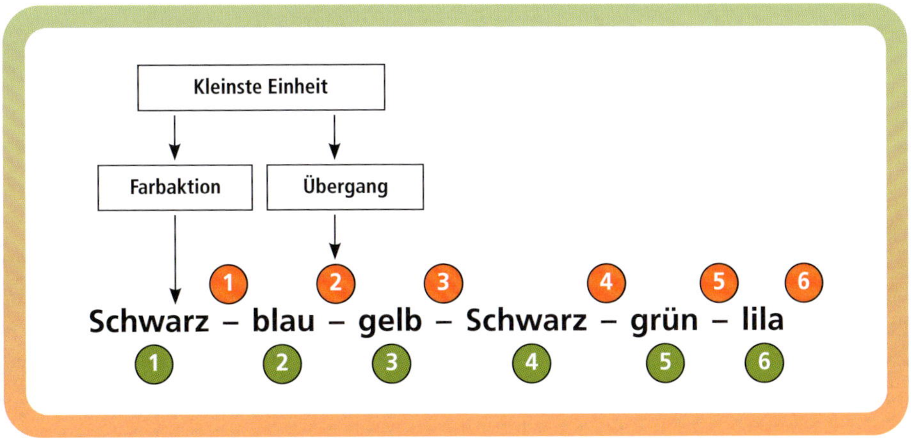


*Die Grafik zeigt sechs Farbaktionen direkt aneinandergereiht.*

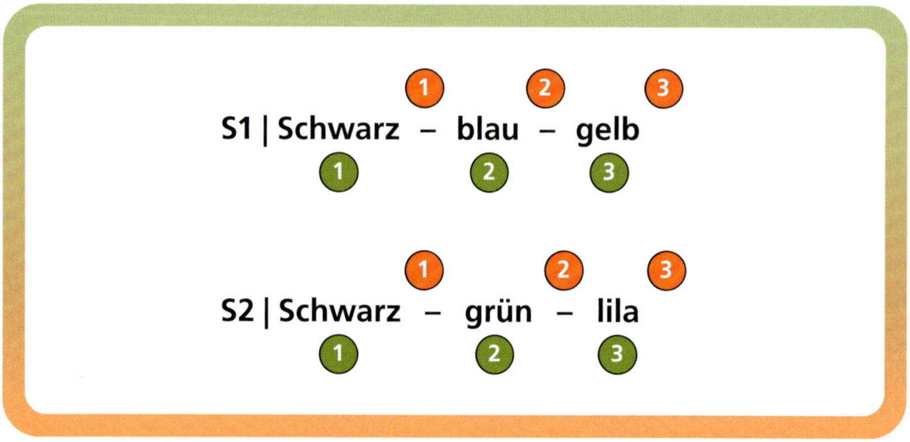


*Die sechs Farbaktionen wurden in zwei Sequenzen aufgeteilt.*

Sequenz 1 | **Schwarz** führt zu **Blau** führt zu **Gelb** S1 | B – b – y

Sequenz 2 | **Schwarz** führt zu **Grün** führt zu **Lila** S2 | B – g – p

Je nachdem, wie viele Farbaktionen im Parcours vorkommen, variiert die Anzahl in den jeweiligen Sequenzen. Bei einer ungeraden Anzahl steht die höhere Zahl immer in der ersten Sequenz. Wir schauen uns nochmal alle Varianten im Überblick an:

6 Farbaktionen | 2 Sequenzen | 3 – 3
7 Farbaktionen | 2 Sequenzen | 4 – 3
8 Farbaktionen | 2 Sequenzen | 4 – 4
9 Farbaktionen | 2 Sequenzen | 5 – 4
10 Farbaktionen | 2 Sequenzen | 5 – 5

Damit weder Mensch noch Hund im Parcours überfordert sind, werden die jeweiligen Sequenzen einzeln trainiert. Zudem gibt es eine besondere Regelung bei dem Übergang von der ersten zur zweiten Sequenz. Denn um diesen Übergang beim Training der einzelnen Sequenzen nicht auszulassen, beginnt die zweite Sequenz immer mit der letzten Farbaktion der ersten Sequenz. Das Team trainiert im oben genannten Beispiel also:

Sequenz 1 | **Schwarz** führt zu **Blau** führt zu **Gelb**

Und beginnt danach mit der Farbaktion Gelb von der ersten Sequenz:

Sequenz 2 | **Gelb** führt zu **Schwarz** führt zu **Grün** führt zu **Lila**

Im Anschluss können beide Sequenzen zusammengefasst werden und Gelb wird entsprechend nur einmal gelaufen. Der Grund für diese Methode ist zum einen die Tatsache, dass die erste Sequenz auch mit einem Übergang enden könnte, der so im Training berücksichtigt werden kann, und zum anderen das Einüben der Farbaktionen.

**PARCOURS:**
**DER FOXTERRIER**

InnerEight | Cross | Line
S | B – y ∋ b – o
S | W – b ∋ y – g

*Die Figuren*

# ÄUSSERE ACHT | OUTEREIGHT

**Während die InnerEight eine Einsteigerübung ist, zeigt sich die OuterEight als deutlich anspruchsvoller. Das liegt einzig und allein an dem bereits erwähnten Wegschicken des Hundes, das zuvor separat geübt wird.**

Zunächst sehen wir uns das Endergebnis der OuterEight an:

Figur | **Schwarz** führt zu **Rot** = F | B – r

Figur | **Weiß** führt zu **Lila** = F | W – p

Der Hund kommt nach dem Umrunden der Ausgangsstange zunächst auf den Curver zu und dreht sich dann in Blickrichtung der Führhand aktiv von seinem Besitzer weg. Von oben betrachtet erkennen wir wieder eine Acht, doch diesmal führt sie nicht durch die beiden Stangen hindurch, sondern von außen um eine der beiden Stangen herum. Daraus leitet sich der Name OuterEight, also äußere Acht ab. Es braucht einiges an Geduld und Wiederholungen, um dem Hund die OuterEight beizubringen. Die Schwierigkeit besteht darin, dass sich der Hund vom Besitzer wegdrehen muss und in diesem Moment der Blickkontakt kurz unterbrochen wird. Die Unterbrechung erfolgt, wenn der Hund nach der Ausgangsstange angenommen und auf die Zielstange geschickt wird. Wer die OuterEight ohne vorheriges Training ausprobiert, wird schnell merken, dass der Hund sich in die falsche Richtung dreht oder fragend stehen bleibt. Damit sich solche Fehler nicht einschleichen, ist ein kleinschrittiger Aufbau und eine langsame Steigerung sehr zu empfehlen. Die Übung wird daher in drei Stufen unterteilt, bis am Ende alles zusammengearbeitet und perfektioniert werden kann.

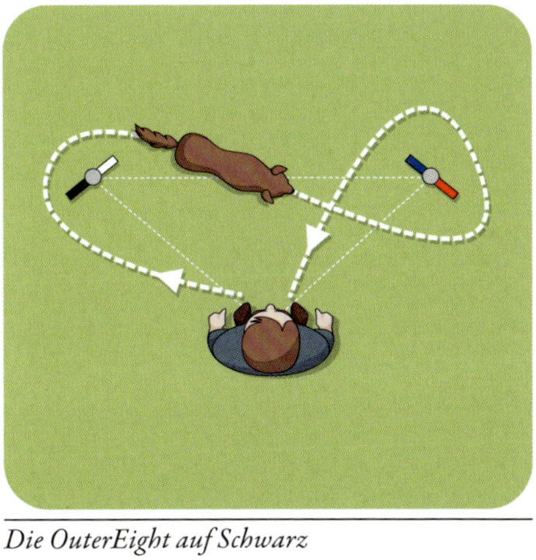

*Die OuterEight auf Schwarz*

**VARIANTEN AUF SCHWARZ**
F | B – r

*01 – 02 Beim U wird der Hund in einem langgezogenen Bogen …*

*03 – 04 …direkt an die Seite seines Menschen geführt.*

## DAS U IM AUFBAU

Es sollte kein Problem sein, den Hund um die Ausgangsstange zu schicken. Starten wir mit der Farbe Schwarz, wird der Hund gleich mit der rechten Hand angenommen und nun direkt beim Curver in das sogenannte U geformt. Danach steht der Hund optimal, um ihn zur Zielstange zu schicken. Zunächst üben wir das U separat. Dafür befindet sich der Hund vor seinem Besitzer. Das Futter wird in der rechten Hand gehalten und zieht den Hund mit der Nase direkt neben uns, auf die rechte Seite. Um den Hund nun in die richtige Richtung zu drehen, ziehen wir ihn weiter nach hinten und drehen ihn hinter uns um 180° nach rechts in die Laufrichtung. Er steht letztendlich mit Blickrichtung nach vorn auf der rechten Seite neben uns und ist ein schmales U gelaufen, um in diese Position zu gelangen. Diese Übung wiederholen wir auch auf der linken Seite. Wobei der Hund dementsprechend um 180° nach links gedreht wird.

Erst wenn die Drehung mithilfe der Handführung problemlos funktioniert, kommt die erste Stange ins Spiel.

## U IN DER BEWEGUNG

Um für mehr Abwechslung und Motivation zu sorgen, bietet es sich an, nach der statischen Übung mehr Dynamik in das Training zu bringen. Dafür bewegt sich der Curver mit dem Hund kreuz und quer über die Trainingsfläche. Läuft der Hund rechts, macht der Curver wenige Schritte rückwärts und zieht seinen Hund mit der linken Hand von der rechten auf seine linke Seite, um ihn dort in das U zu formen. Danach kann man gemeinsam rennen, ein Leckerchen suchen oder andere Elemente aus dem Bereich „State of Mind" einbringen. Vielen Hunden gefällt es, wenn trockene Wiederholungen mit Schwung und Abwechslung einstudiert werden, und die U-Übung bietet sich optimal dafür an. Auch der Einsatz von Spielzeug lässt sich gut in das Training integrieren. Statt eines Futterstücks kann der Curver seinen Hund auch mit der Beute in die richtige Position locken.

## DIE AUSGANGSSTANGE

Wenn der Hund das U verstanden hat, schicken wir ihn zunächst um die Ausgangsstange und die Farbe Schwarz. Die rechte Hand nimmt ihn an und führt ihn in das zuvor geübte U. An dieser Stelle belohnen wir den Hund, ohne ihn zur zweiten Stange zu schicken. Im Idealfall muss der Curver die Hand nicht mehr direkt an die Hundenase führen, da er bereits weiß, dass hier das U gefordert wird. Wer gut vorgearbeitet hat, wird es nicht allzu schwer haben, die Ausgangsstange mit dem U zu verknüpfen. Die Bewegung wird immer präziser und flüssiger gezeigt.

## DIE ZIELSTANGE

Nun werden die Sequenzen kombiniert. Der Hund hat alle Einzelsequenzen bereits gelernt, wodurch er optimal auf die Outer-Eight vorbereitet ist. Um die Fehlerquote so gering wie möglich zu halten, steht der Curver bei diesem Schritt so nah an der Zielstange, dass er diese mit einem großen Schritt nach vorn erreichen könnte. Nach dem U und der Belohnung wird der Hund weiter zur zweiten Stange auf die Farbe Rot geschickt. Die Zwischenbelohnung wird so lange beibehalten, bis der Hund den Übergang vom U zur Zielstange sicher und flüssig zeigt. Im Anschluss kann das Futter schrittweise abgebaut werden. Es ist völlig in Ordnung, dennoch ein Futterstück in der rechten Hand zu halten, um den Hund nach der Umrundung der zweiten Stange zeitig belohnen zu können. Bei beutestarken Hunden empfiehlt es sich, in diesem Schritt noch kein Spielzeug zu verwenden, damit der Hund sich auf die Übung konzentrieren kann und die Erregung nicht zu groß wird. Erst wenn wirklich verstanden wurde, dass das U das Umrunden der Zielstange zur Folge hat, kann man auch auf Beute als Belohnung zurückgreifen. Beim Übergang vom U zur Zielstange sind die Geschwindigkeit, die Höhe und die Bewegung der Hand maßgeblich entscheidend für den Erfolg. Wie viel Hilfe benötigt der Hund? Kann er sich bereits von der Hand lösen?

*Zuerst wird der Hund um die Ausgangsstange geschickt.*

*Danach führt der Curver den Hund in das U …*

*… und schickt ihn von dort aus zur Zielstange.*

Oder beginnt er zu springen? Dreht sich der Hund plötzlich in die verkehrte Richtung, wenn man die Hand zu schnell nach vorn bewegt? Jeder Hund benötigt eine individuelle Hilfestellung bei dieser Übung, weshalb man mit viel Gefühl an das Training herangehen sollte.

## DAS AWAY

Der Hund hat das Prinzip verstanden, doch noch ist er sehr nah an seinem Besitzer und braucht das U als Unterstützung. Im fünften Schritt wird diese Hilfestellung abgebaut. Auch hier reagiert jeder Hund unterschiedlich auf das Weglassen der Hilfestellung. Einige Hunde schaffen die Übertragung sofort, andere brauchen einen kleinschrittigen Abbau, um zum Endergebnis zu kommen. Es bietet sich an, zunächst das Führen neben den Curver zu verändern und das U etwas früher einzufordern. Zudem kann jetzt die Hand dauerhaft höher gehalten werden, sodass der Hund immer selbstständiger mitarbeitet. Schritt für Schritt erarbeitet sich der Curver somit einen größeren Abstand zu seinem Hund und sorgt dafür, dass sich dieser selbstbewusst und sicher in der Distanz bewegt. Die OuterEight ist keine leichte Figur. Hat das Team sie erfolgreich gemeistert, wurde gleichzeitig der Grundstein für andere Figuren, wie die InnerLine und den Rabbit, gelegt.

**PARCOURS: DER CURLY**

InnerEight | OuterEight
S | B – y – o – r
S | W – b – g – p

**DER SETTER**

InnerEight | OuterEight
S | B – r – o – y
S | W – p – g – b

*Die Übergänge*

# DER SPRUNG | JUMP | ↪

**Jetzt wird es sportlich, und zwar nicht nur für unseren Hund. Was von außen betrachtet erst einmal einfach aussieht, ist zumindest für unseren Gleichgewichtssinn eine Herausforderung.**

Mit dem Jump beginnt das Erlernen der Körpersprünge im Curving. Insgesamt hat das Mensch-Hund-Team die Möglichkeit, vier Sprünge zu erlernen. Doch nicht für jedes Team sind alle Sprünge sinnvoll oder gar geeignet. Schwere Hunde, Hunde mit einem langen Rücken im Vergleich zum gesamten Erscheinungsbild, Hunde mit Prädispositionen für Erkrankungen des Bewegungsapparats oder Hunde, die in der Bewegung eingeschränkt sind, sollten die Körpersprünge nur bedingt oder gar nicht ausführen. Auch der Curver sollte bei bestimmten Sprüngen eine gewisse Agilität und Standfestigkeit mitbringen. Wer diese Voraussetzungen erfüllt, hat die Möglichkeit, seinem Hund vier Körpersprünge beizubringen, die viel Spaß machen. Die ersten beiden Sprünge erfolgen über die Beine des Curvers. Beim Jump streckt der Curver sein vom Hund abgewandtes Bein nach vorn und lässt ihn darüber springen. Der Jump kann sowohl in der kreuzenden Diagonalen als auch auf zwei nebeneinanderstehende Stangen eingesetzt werden. Konkret bedeutet das:

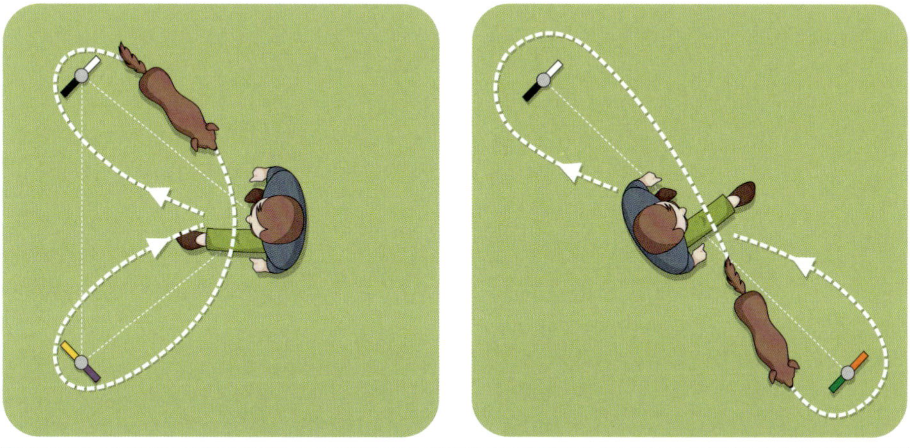

*Die zwei Varianten des Jumps auf Schwarz im direkten Vergleich.*

01

02

Aktionen | Von **Schwarz** über den Jump
zu **Grün** = A | B ↪ g

Aktionen | Von **Weiß** über den Jump
zu **Orange** = A | W ↪ o

**VARIANTEN AUF SCHWARZ**
A|B ↪ g
A|B ↪ p

## DIE BALANCE

Damit der Hund sicher über das Bein springen kann, sollte der Mensch eine gewisse Standfestigkeit auf einem Bein haben. Da wir diese Position in unserem Alltag selten einnehmen, fällt es vielen Menschen gar nicht so leicht, auf einem Bein zu balancieren und sich gleichzeitig auf den Hund und die Arme zu konzentrieren. Deswegen empfehle ich einige Trockenübungen. Es bietet sich an, beim Zähneputzen, Fernsehgucken oder Essenkochen ein bisschen zu üben. Klappt das ganz gut, kann man den Kopf in alle Richtungen bewegen und sich dabei umschauen. Auch die Arme spielen eine Rolle, allerdings nur der schickende Arm, da das Bein Hinweis genug für den Hund ist, was er als Nächstes macht. Die Führhand wird dabei weit nach außen gestreckt, um den Hund in der kreuzenden Diagonalen an sich vorbei zur Zielstange zu führen. Eine kleine akrobatische Leistung, die, ähnlich einer Bewegung beim Tanzen, viele Male wiederholt werden sollte.

**Spezifische Regel: Jump**
Das Bein muss nach vorn gestreckt sein und der Fuß des gestreckten Beines darf den Boden nicht berühren.

Solange der Fuß keinen Kontakt zum Boden hat, ist die Höhe des Beins während des Sprungs nicht relevant. So können auch größere Hunde den Jump problemlos ausführen. Wie der Curver letztendlich sein Bein nach vorn streckt, ist ihm überlassen. Ob der Übergang im Stand oder in der Hocke stattfindet, fällt unter die persönlichen Vorlieben des jeweiligen Teams. Hauptsache das Bein wird nach vorn gestreckt und der Fuß hat keinen Bodenkontakt. Stattdessen wird Wert darauf gelegt, dass der Hund über das Bein des Curvers springt:

03

*01 Es ist gar nicht so leicht, beim Jump das Gleichgewicht zu halten.*

*02 Ein Target hilft dem Hund dabei, nach vorn ausgerichtet zu bleiben.*

*03 Der Hund lernt früh, dass er mit dem ganzen Körper über das Bein springen soll.*

**Spezifische Regel: Jump**
Der Hund muss mit allen vier Pfoten über das Bein springen.

## DER AUFBAU

Damit der Hund von Beginn an lernt, dass der einzige Weg über das Bein seines Menschen führt, nehmen wir uns eine Stange zur Hilfe, es kann auch ein Baum oder eine Wand sein, die den Raum neben dem Bein begrenzt. Im zweiten Schritt führen wir den Hund über das Bein. Wir erinnern uns an die technische Regel 7 | Opposite leg: Der Hund muss über das von ihm abgewandte Bein springen. Übt man den Jump von links nach rechts, stellt der Curver also das rechte Bein nach vorn. Dafür stellt er sich mit Blickrichtung zur Stange und lehnt seinen Fuß so an die Stange, dass die Ferse den Boden berührt und die Fußspitze nach oben zeigt. Der Hund sollte sehr nah am Bein warten, damit er gar nicht erst auf die Idee kommt, drumherum zu laufen. Der rechte Arm lädt den Hund ein und führt ihn über das am Boden „stehende" Bein. Ein Sprung ist noch nicht zwingend notwendig. Manch ein Hund springt sofort, andere heben Pfote um Pfote darüber, und manch unsensibler scheint das Bein gar nicht wahrzunehmen und trampelt einfach drüber. Das ist jedoch nicht erlaubt:

**Spezifische Regel: Jump**
Der Hund darf das Bein während des Jumps nicht berühren.

Das liegt oft an der Art, wie der Mensch seinen Hund mit Futter lockt und wie hoch die Motivation für den Hund ist. Wie bereits erwähnt, bin ich kein Freund davon, den Hund mit Futter über das Bein zu ziehen. Stattdessen nutze ich gern den Hand-Touch und beginne mit einem Abstand, den der Hund problemlos überwinden kann. Kommt die Hundenase an der Hand an, gibt es eine Belohnung und die Hand wird nicht einfach weitergezogen. Nach der Belohnung wird der Abstand erhöht und der Hund kann erneut versuchen, das Hindernis zu überwinden. Die meisten Hunde haben wenig Schwierigkeiten mit der Übung und lassen sich leicht über das Bein führen.

## DIE HÖHE

Die Stange bleibt vorerst als Begrenzung stehen, dafür wandert der Fuß nun etwas höher. Je öfter die Bewegung so geübt wird und der Hund gar keine Möglichkeit hat, an dem Bein vorbeizuspringen, desto besser speichert er dieses Bild ab. Deswegen empfehle ich, die Stange erst abzubauen, wenn der Jump sicher abrufbar ist. Das Bein darf jetzt in der jeweiligen Höhe gehalten werden, in der es sich für den Curver und für seinen Hund angenehm anfühlt. Außerdem bietet es sich an, einen Futternapf oder eine sichtbare Futterfläche dort zu platzieren, wo der Hund nach dem Jump zur Stange laufen würde. So verhindert man das direkte Eindrehen des Hundes, weil die Belohnung nicht aus der Hand erfolgt, sondern sich auf dem Weg zur Zielstange befindet. Jetzt kann mehr Abstand zum Curver aufgebaut werden, sodass der Hund für seinen Sprung Anlauf nehmen kann. Vorsicht ist geboten, falls man sein Bein besonders hoch nehmen möchte. Manch kluger Hund nimmt dann einfach den Weg darunter hindurch.

## DAS FREIE SPRINGEN

Die Tricks, die in den Curvingsport integriert wurden, kann man auch ohne Stangen durchführen und auf den gemeinsamen Spaziergängen als Beschäftigung und Training einbauen. Dadurch lernt der Hund die Übergänge unabhängig vom Curvingkontext kennen, was für die zuverlässige Ausführung von Vorteil ist. Das gilt nicht nur für die Körpersprünge. Auch andere Elemente wie das Back, der Twist, das einfache Around auf Abstand und der DriveIn eignen sich hervorragend als kleine Übungen für unterwegs. Im Urlaub mache ich mit meinen Freunden immer wieder kleine Challenges dazu – welcher Hund schafft es, am Strand das Schild zu umrunden, obwohl es 40 m weit entfernt ist? Wer kann einparken, ohne seinen Menschen zu berühren? Und wer kann den Twist auch um einen Menschen? Gleichzeitig festigt man das Erlernte spielerisch in verschiedenen Situationen und hat dadurch im Curvingparcours einige Vorteile. Kommen wir zurück zum Jump, den der Hund nun erstmalig ohne begrenzende Stange ausführen soll. Wer die Möglichkeit hat, kann sich hier gern die Handykamera aufstellen oder ein Feedback von Freunden einholen, ob der Hund auch wirklich mit seinem ganzen Körper über das Bein springt. Nach dem Sprung läuft der Hund zum Napf, um den Fokus nach vorn beizubehalten.

## DIE ZIELSTANGE

Beim Jump gibt es zwei Möglichkeiten, die getrennt geübt werden müssen. Der Hund kann während der kreuzenden Diagonalen den Sprung über das Bein ausführen oder in Kombination mit zwei benachbarten Stangen. Die letzte Variante ist nicht so leicht, da sich der Hund nach dem Jump vom Menschen wegdrehen muss, um die Stange von rechts nach links umrunden zu können. Er arbeitet einen Augenblick ohne Blickkontakt und muss den nächsten Schritt eigenständig ausführen. Wir können anhand der Varianten auf Schwarz sehen, dass kein Jump nach einer inneren Annahme gewünscht ist. Für diese Situation gibt es den BackJump, der in den nächsten Kapiteln erklärt wird. Das bedeutet, dass der Hund beim Jump immer nur von außen oder seitlich über die Diagonale kommen kann.

### VARIANTE 1 | DIE KREUZENDE DIAGONALE

Wir beginnen mit der Variante der kreuzenden Diagonalen und setzen den Hund sehr nah an der Zielstange ab. Den Napf brauchen wir ab diesem Zeitpunkt nicht mehr, er stand nur stellvertretend für die richtige Richtung. Im Idealfall hat der Hund bereits verstanden, dass es sich nicht lohnt, sich zum Menschen einzudrehen, sondern stattdessen weiter geradeaus zu laufen.
Der Hund wird so weit vom Menschen abgesetzt, dass er sicher über das Bein springt und von dort aus direkt um die Stange geschickt werden kann. Diese steht nah beim

*01*

*01 Den freien Jump kann man immer mal wieder auf den Spaziergängen einbauen.*

*02 So ist man optimal auf den Parcours vorbereitet.*

*02*

Curver, damit er nachhelfen kann, falls beim Hund Fragen aufkommen. Das kann beispielsweise eine schnelle Drehung in Richtung Zielstange sein, um das übliche Bild für den Hund herzustellen. Da der Laufweg des Hundes im Endergebnis die kreuzende Diagonale ergibt, wird der Hund nicht vor, sondern neben seinem Besitzer abgesetzt und ebenfalls in gerader Linie zur Zielstange geschickt. Bei den ersten Versuchen kann es vorkommen, dass der Hund noch nach dem Napf Ausschau hält. Das ist verständlich und bedarf der Führung des Curvers, damit das alte Ritual nach und nach überschrieben werden kann.

## VARIANTE 2 | ZWEI BENACHBARTE STANGEN

Die Herausforderung bei der Variante mit den beiden benachbarten Stangen besteht darin, dass der Hund körpersprachlich nah genug herangezogen werden muss, um einen sicheren Sprung über das Bein gewährleisten zu können. Manch ein Hund neigt zu einer Abkürzung und macht nur einen halbherzigen Sprung über die Fußspitze. Sollte sich dieser beliebte Fehler einschleichen, darf man gern nochmal zur begrenzenden Stange greifen. Bei dieser Übung wird der Hund schräg versetzt zu seinem Menschen positioniert und von dort aus in einem großen Bogen zur Außenseite der Zielstange geschickt.

*Bei der Variate auf eine gegenüberliegende Stange …*

*… kann der Hund beim Jump nur …*

*… über die kreuzende Diagonale geführt werden.*

## DIE AUSGANGSSTANGE

Im letzten Schritt kombinieren wir alle einzeln trainierten Elemente miteinander. Das sollte erst passieren, wenn der Hund jeden Schritt sicher beherrscht und der Mensch sich somit vollständig auf seine Führung und auf seine Balance konzentrieren kann. Das ausgestreckte Bein ist für den Hund ab jetzt das Zeichen für den Jump, er muss nicht mit der Hand eingeladen werden.

### VARIANTE 1 | DIE KREUZENDE DIAGONALE

Jetzt darf nochmal gegrübelt werden. Von welcher Seite wird der Hund um die Ausgangsstange geschickt? Da der Jump nur über die kreuzende Diagonale funktioniert, muss er nach dem Umrunden von Schwarz auf Grün gearbeitet werden. Doch auch die Drehung des Curvers ist wichtig, um in die kreuzende Diagonale zu kommen. In diesem Fall muss sich der Mensch im Uhrzeigersinn zur rechten Seite drehen.

### VARIANTE 2 | ZWEI BENACHBARTE STANGEN

Bei der zweiten Variante bleibt der Curver in seiner Position stehen, während er den Hund von innen um die Ausgangsstange schickt, lässt ihn über das abgewandte Bein springen und führt ihn schon während des Sprungs mit dem ausgestreckten Arm zur Außenseite der Zielstange. Falls die begrenzende Stange noch als Stütze verwendet wird, kann sie nun vorsichtig abgebaut werden. Klappt der Jump gut, darf zudem der Abstand erhöht werden.

**PARCOURS: DER ENTLEBUCHER**

OuterEight | InnerEight | Jump
S | B – r ⤻ p – g
S | W – p ⤻ r – o

*Die Figuren*

# DER TWIST | TWIST

**Der Twist ist eine anspruchsvolle und gleichzeitig sehr beliebte Figur. Die Aufgabe besteht darin, die Stange gleich zweimal hintereinander und so eng wie möglich zu umrunden.**

In Aktionen beschrieben, sieht das so aus:

Figur | **Schwarz** führt zu **Schwarz** = F | B – B

Figur | **Weiß** führt zu **Weiß** = F | W – W

Für den Curver besteht die Herausforderung im punktgenauen Timing und der Art der Hilfestellung. Der Aufbau des Twist ist reine Fleißarbeit. Viele Wiederholungen machen diese Figur für den Hund verständlich und sorgen dafür, dass die Stange auch auf Abstand sehr eng gearbeitet wird.

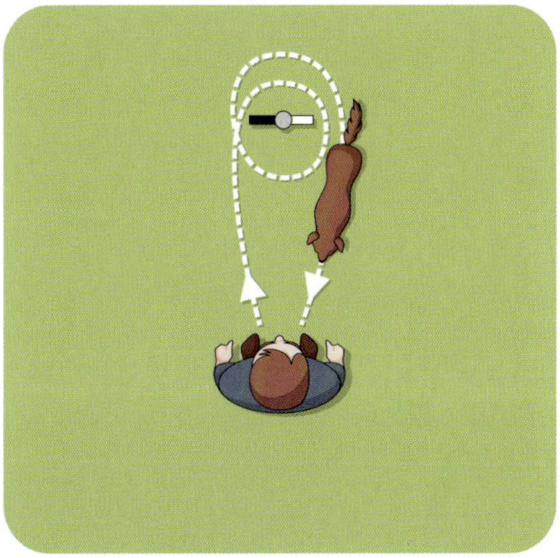

*Der Twist auf Schwarz*

## VARIANTE AUF SCHWARZ

F | B – B

Als Grundregel gilt: Beim Twist muss der Hund den Kreis um die Stange so eng ziehen, dass er die Führzone nicht betritt, und dabei so nah sein, dass er den möglichst kürzesten Weg nimmt. Da der Radius vom jeweiligen Hund abhängt, wird das in die Wertung mit einbezogen. Kein Hund mit langem Rücken sollte die Wirbelsäule unangenehm verbiegen, um den Twist zu laufen.

**Spezifische Regel: Twist**
Der Hund sollte den Twist, angepasst an seine individuelle Körperform, so eng wie möglich laufen.

## BELOHNUNGSPUNKT AUF 12 UHR

Im ersten Trainingsschritt verlagern wir den Belohnungspunkt nach dem Umrunden vom Besitzer weg, hinter die Stange. Durch diese Übung wendet sich der Hund nach dem ersten Umrunden wieder der Stange zu.

*Die erste Belohnung erhält der Hund nach eineinhalb Umrundungen.*

Dafür wird er im Nahbereich einmal um die Stange geschickt und das Futter dann hinter die Stange geworfen. Es ist wichtig, dass der Hund keine Kehrtwende macht, weil man zu früh geworfen hat. So läuft er bereits anderthalb Umrundungen und bekommt die Belohnung auf 12 Uhr.
Das Futter muss nicht geworfen werden, der Curver kann seinen Hund auch direkt auf 12 Uhr aus der Hand belohnen. Die Gefahr, dass sich der Hund später auf die Suche macht, anstatt die Stange zu umrunden, ist beim Twist jedoch wesentlich geringer, da wir so lange im Nahbereich arbeiten, bis der Hund die gesamte Übung verstanden hat. Der Curver braucht viel Feingefühl dafür, wann er den Hund um die Stange zieht. Wird er zu weit rausgezogen, lernt der Hund einen zu großen Bogen. Wird er früh zu dicht gearbeitet, besteht die Gefahr, dass er verkehrt herum um die Stange läuft. Mit etwas Fingerspitzengefühl findet man schnell heraus, wie viel Hilfe der jeweilige Hund braucht.

## DIE BELOHNUNGSHAND

Im zweiten Schritt wird das Futter auf 12 Uhr hinter der Stange über die Belohnungshand gegeben – also genau am Übergang vom schwarzen in das weiße Feld. Die Führhand zieht den Hund im richtigen Moment zum zweiten Mal um die Stange und beendet ihren Weg bei der Übergabe zur Belohnungshand. Fällt es dem Hund noch schwer, der leeren Hand zu folgen, darf man in beiden Händen eine Futterbelohnung haben. Um die Übertragung leichter zu machen, sollte die Führhand nicht ruckartig eingesetzt werden, sondern sanft und langsam. So bleibt der Fokus auf den Händen. Durch die erste Übung rechnet der Hund oft nicht mit der Belohnungshand, weshalb man ihn durch ein Winken oder Schnipsen darauf aufmerksam machen muss. Zudem wird die Führhand leicht nach oben geführt, um die Belohnungshand sichtbar zu machen. Nach ein paar Wiederholungen hat er verstanden, dass sich der Belohnungspunkt verlagert hat, und kann sich ab jetzt auf die Hand konzentrieren. Wer im Schritt zuvor direkt aus der Hand belohnt hat, kann mit der nächsten Übung weitermachen.

## VERLAGERUNG DES BELOHNUNGSPUNKTES

Ähnlich wie beim einfachen Umrunden verlagern wir nun den Belohnungspunkt auf 3 Uhr und dann auf 6 Uhr. Dabei sollte man nicht zu schnell vorgehen, denn beim Aufbau schleichen sich gern Fehler ein. Es lohnt sich also, die jetzigen Schritte mehrfach und sauber zu wiederholen, bis man das Gefühl hat, dass der Hund problemlos ein zweites Mal um die Stange läuft. Bei der Belohnung auf 6 Uhr wird es dynamischer – jetzt können wir uns rückwärtsbewegen und ein Spiel initiieren. Hat der Hund die Übung im Nahbereich gut gemeistert, kann man mit einem Jackpot belohnen, entweder durch besonders viele oder hochwertige Leckerchen oder Beute statt Futter.

## AKUSTISCHES SIGNAL

Es ist gar nicht so leicht, den Abstand beim Twist zu erhöhen, da der Hund weiterhin möglichst eng um die Stange kreiseln soll, ohne sich auf den Curver zuzubewegen. Damit er bereits bei der ersten Umrundung weiß, was ihn erwartet, und er sich darauf einstellen kann, führen wir ein akustisches Signal ein, das die zweite Drehung ankündigt.

**Spezifische Regel: Twist**
Ein akustisches Signal gibt keine Abzüge.

Ich verwende beispielsweise das Wort „Twist" mit einer hohen Betonung. Hier kommt es aufs Timing an. Gehen wir davon aus, dass der Hund zwei Mal um Schwarz geschickt wird, dann erfolgt das Wortsignal kurz nach dem ersten Umrunden, also auf etwa 2 Uhr. Im Anschluss folgt die Hilfe mit der Führhand die den Hund erneut um die Stange zieht. Das Wortsignal sollte immer gleich ausgesprochen werden, um den Wiedererkennungswert hochzuhalten.

## DER ABSTAND

Jetzt fehlt nur noch ein angemessener Abstand zwischen Curver und Stange, um den Twist in den Parcours einbauen zu können. Da der Hund das akustische Signal kennt, wird er gleich über zwei Hilfen nah an der Stange gehalten: das Hand- und das Hörzeichen. In kleinen Schritten bewegen wir uns bei jeder neuen Übung weiter von der Stange weg. Während die Führhand nah an der Stange noch recht tief eingesetzt wurde, wird sie nun immer höher gehalten. Die Belohnungshand brauchen wir während der Ausführung nicht mehr.

**Spezifische Regel: Twist**
Der Twist wird nur mit der Führhand geführt.

Da die Bewegungen des Hundes mit denen des Menschen synchron und fließend ablaufen sollen, ist eine kleine Drehbewegung mit der Hand ausreichend, um den Twist anzukündigen. Genau genommen besteht die Bewegung sogar nur aus einem U. Je fortgeschrittener das Mensch-Hund-Team ist, desto weniger intensiv muss die Bewegung gezeigt werden.
Im Übrigen ist der Twist die einzige Figur, die an einer einzelnen Stange stattfindet, was ihn im Vergleich zu seinen Verwandten recht schnell in der Ausführung macht. Es gibt noch eine weitere Besonderheit: Die Schreibweise weicht von den bisher gelernten Figuren ab. Der Twist wird in der Sequenz abgekürzt und mit der jeweiligen Farbe in einer eckigen Klammer versehen:

F | B – B = F | t[B]

Ab diesem Moment zählt der Twist in einer Sequenz wie eine einzelne Aktion, obwohl er eine Figur ist. Das klingt verwirrend, hat aber den Hintergrund, dass er so schnell ausgeführt wird, dass ein Parcours mit 4 Sequenzen bereits mit zwei Twists beendet wäre. Damit kommen wir zur nächsten Regel:

**Spezifische Regel: Twist**
Ein Twist auf dieselbe Stange zwei Mal hintereinander ist nicht erlaubt.

Somit darf der Twist einmal auf Schwarz und direkt danach auf Blau sattfinden, aber nicht zwei Mal hintereinander auf Schwarz

## ☞ DER TWIST IM ÜBERBLICK

*01 – 02 Beim Twist umrundet der Hund die Stange gleich zwei Mal hintereinander.*

*03 Je enger der Twist, desto besser.*

**PARCOURS:**

**DER DOODLE**

OuterEight | Diagonal | Twist
S | B – r – t[y] – o
S | W – p – t[b] – g

*04 – 05 Dabei wird der Körperbau des jeweiligen Hundes berücksichtigt.*

# DER FREESTYLE

**Es ist ein gutes Gefühl, einen Parcours erfolgreich zu meistern und innerlich abhaken zu können. Aber es gibt auch Tage, an denen man einfach mal den Kopf freibekommen möchte und ganz ohne Anleitung im Curvingfeld steht. Dann tanzt man seine eigene Choreografie mit dem Hund, spontan und frei.**

Für mich sind diese Freestyle-Parcours mit meiner Hündin Ava besonders intensiv. Oft nehme ich meine Kopfhörer mit und höre dann nur die Musik, während Ava meinen Bewegungen folgt. Man hat das Gefühl, in eine eigene kleine Curvingwelt mit seinem Hund abzutauchen, und fühlt, wie viel Kommunikation und Teamwork in diesem Sport stecken. Ich kann jedem nur von Herzen empfehlen, diese freie Art zu curven einmal auszuprobieren. Natürlich kann man seinen Parcours später auch aufschreiben, mit anderen teilen oder für sich selbst erweitern. Jedes Mensch-Hund-Team hat seine eigenen Vorlieben für Figuren und Übergänge, und beim Freestyle kann man die gemeinsamen Stärken in den Vordergrund stellen, um besonders viel Spaß zu haben.

Der Freestyle funktioniert nicht nur im Viereck, man kann eine spontane Curvingeinheit in einem Waldstück ausprobieren. Zu Beginn sollte man dem Hund jedoch auch hier alle Bäume einmal einzeln zeigen, damit er weiß, was zu tun ist. Ist man gerade mit einigen Freunden und Hunden unterwegs, können auch die Menschen als Stangen fungieren und ihre Hunde zwischen die Beine setzen oder als Warteübung außerhalb des „Feldes“ ablegen. Der Kreativität sind keine Grenzen gesetzt.

*Ich curve besonders gern am Strand mit dem Rauschen der Wellen in den Ohren.*

*Die Übergänge*

# RÜCKSPRUNG | BACKJUMP | ↷

In diesem Abschnitt widmen wir uns dem Sprung über das Bein, während es nach hinten ausgestreckt wird – der Übergang ist somit der passende Gegenpart zum Jump und wird entsprechend ähnlich aufgebaut.

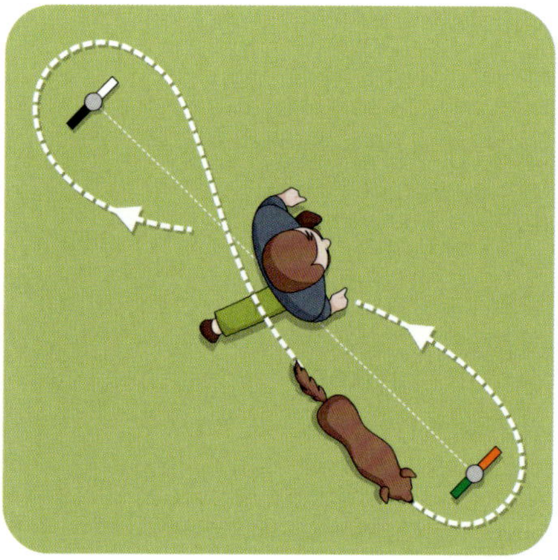

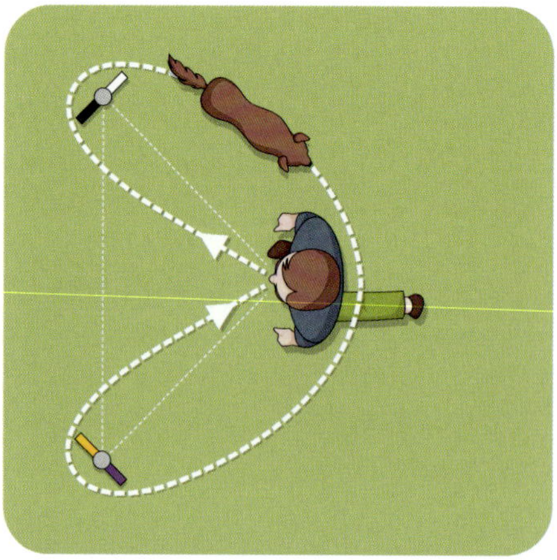

*Zwei Varianten des BackJumps auf Schwarz im direkten Vergleich.*

Da der Hund den normalen Sprung bereits gelernt hat, wird ihm der BackJump wahrscheinlich leichtfallen.

Aktionen | Von **Schwarz** über den BackJump zu **Lila** = A | B ↷ p

Aktionen | Von **Weiß** über den BackJump zu **Orange** = A | W ↷ o

**VARIANTEN AUF SCHWARZ**

| | |
|---|---|
| A \| B ↷ g | A \| B ↷ o |
| A \| B ↷ r | A \| B ↷ B |
| A \| B ↷ p | A \| B ↷ W |

## DIE BALANCE

Wir erinnern uns an die Balanceübung beim Jump, die ich von Herzen empfehlen kann, um die notwendige Stabilität zu erlangen. Das gleiche Training sollte man für den BackJump einplanen und ausprobieren, in welcher Haltung man am stabilsten und angenehmsten steht.

**Spezifische Regel: BackJump**
Das Bein darf gestreckt sein oder abgeknickt werden.

Manch Curver bleibt aufrecht stehen und winkelt das Bein so an, dass der Hund darüberspringen kann. Andere beugen sich mit dem Oberkörper nach vorn und strecken das Bein nach hinten aus. Das sollte auch von der Größe und der Sprungfähigkeit des Hundes abhängig gemacht werden. Denn das Bein darf auch während des BackJumps nicht versehentlich berührt oder bewusst als Sprungbrett benutzt werden.

**Spezifische Regel: BackJump**
Der Hund darf das Bein während des BackJumps nicht berühren.

Auch die Arme werden bei der Übung ausgestreckt, um dem Hund die Laufrichtung anzuzeigen. Im Curvingparcours geht es später sehr schnell und ein stabiler Stand ist dafür die Grundvoraussetzung.

## DER AUFBAU

Da der Hund beim BackJump vollständig über das Bein des Curvers springen muss und nicht vom Weg abkommen darf, nehmen wir uns eine begrenzende Stange zur Hilfe. Dieses Mal dreht sich der Curver mit dem Rücken zur Stange und lehnt seinen Fuß mit der Ferse nach oben an. Die Fußspitze berührt momentan noch den Boden. Der Hund darf nun über das von ihm abgewandte Bein laufen und wird direkt im Anschluss zum Futternapf geschickt.

## DIE HÖHE

Es folgt der nächste Schritt, indem der Curver die Höhe seines Beins nach und nach an die Zielhöhe anpasst.

**Spezifische Regel: BackJump**
Der Fuß des gestreckten Beins darf den Boden nicht berühren.

Das passiert wiederum in kleinen Schritten. Da der Hund das Sprungtraining bereits kennt, ist die Wahrscheinlichkeit recht hoch, dass es keine Herausforderung für ihn ist und er den Sprung problemlos meistert. Nach wie vor liegt der Belohnungspunkt vom Hund abgewandt in Richtung Zielstange. Wer das Team nun von außen beobachtet, sollte einen fließenden und geraden Sprung sehen, der vollständig über das Bein des Curvers stattfindet. Falls der Curver sich für die Variante entschieden hat, bei der er den Oberkörper nach vorn beugt und nun feststellt, dass die Höhe für seinen Hund nicht geeignet ist, kann er in die aufrechte Haltung wechseln und ihm so den BackJump erleichtern.

## DER FREIE SPRUNG

Nun folgt der freie Teil des Sprungtrainings. Der BackJump kann auch außerhalb des Curvingfeldes in jeder erdenklichen Situation geübt werden. Dafür kann man einen Schritt zurückgehen und an einem Baum oder an einer Mauer üben. Nach und nach sollte die Begrenzung wegfallen und der Hund frei über das Bein seines Menschen springen.

**Spezifische Regel: BackJump**
Der Hund muss mit allen vier Pfoten über das Bein springen.

Dafür kann man den BackJump in seinen Alltag integrieren und einige Tage hintereinander wiederholen und festigen. Da der BackJump nicht nur über die Diagonale stattfinden kann, sondern auch über zwei benachbarte Stangen, darf auch diese Variante beim freien Sprung geübt werden. Dafür lässt man den Hund vor sich absitzen und schickt ihn, genau wie beim Back, einmal um sich herum und dann wieder nach vorn zum Belohnungspunkt. Tatsächlich

*01*

*02*

*03*

*01 Ein Baum reicht als Begrenzung vollkommen aus.*

*02 Das Bein wird am Baumstamm schrittweise höher gestellt, …*

*03 … bevor es in den freien BackJump geht.*

gleichen die Varianten auf Schwarz beim BackJump weitestgehend den Varianten auf Schwarz beim Back – es gibt jedoch noch zwei weitere Möglichkeiten. Wurde der BackJump oft ohne Begrenzung trainiert und ist sicher abrufbar, fügt der Curver die erste Stange hinzu, das ist die Zielstange.

## DIE ZIELSTANGE

Es sollte keine große Herausforderung darstellen, den Hund nach dem BackJump zur Zielstange zu schicken, da das Bild anderen Übergängen ähnelt und somit bereits etliche Male geübt wurde. Nichtsdestotrotz starten wir das Training kleinschrittig und nah an der Zielstange. In diesem Schritt ist es wichtig, die verschiedenen Varianten auf Schwarz zu berücksichtigen und den Laufweg entsprechend zu variieren. Mal kommt der Hund frontal auf seinen Menschen zu, mal kommt er seitlich aus der Diagonalen heraus. Jede Annahme sollte trainiert werden, um die verschiedenen Bilder weiter zu festigen. Kein Problem? Dann vervollständigen wir das Training mit der Ausgangsstange.

## DIE AUSGANGSSTANGE

Wir sind am Ende des Trainings für den BackJump angelangt und stellen die letzte Stange auf. Ziel ist es, den Hund aus den verschiedenen Annahmepositionen heraus über das Bein springen zu lassen. Da die Positionen bereits trainiert wurden, kann nun direkt die Ausgangsstange umrundet werden. Zudem darf der Abstand vergrößert werden, denn das reine Schicken um die Ausgangsstange sollte für den Hund kein Problem sein. Beim BackJump nehme ich den Hund mit der Hand an, um ihn über das Bein zu lotsen. Rein theoretisch würde das Bein als Signal reichen, doch weil es für den Hund optisch hinter dem Menschen verschwinden könnte, darf der Arm gern als Sichtzeichen unterstützen. Es ist möglich, dass der Arm mit zunehmendem Trainingsstand nach und nach abgebaut werden kann und allein die vorgebeugte Haltung oder das nach hinten ausgestreckte Bein als Sichtzeichen ausreichen. Anders als beim Jump darf der Hund bei diesem Übergang auch von außen nach innen laufen und im Anschluss über das Bein springen. Dadurch ergeben sich – im Gegensatz zum Jump – die vielen Varianten auf Schwarz. War das Training erfolgreich, kann der BackJump nun im Parcours getestet werden:

*Nicht jeder Hund sollte die Körpersprünge ausführen.*

**PARCOURS:**
**DER JACK RUSSELL TERRIER**

DiagonalCrossing | Diagonal | BackJump
S | B – g ↷ y – r
S | W – o ↷ b – p

*Die Figuren*

# INNERE GERADE | INNERLINE

**Die InnerLine gehört zu den anspruchsvollsten Figuren im Curvingsport. Das liegt daran, dass der Hund in einer möglichst geraden Linie von der ersten zur zweiten Stange laufen soll und die meisten Hunde das Bedürfnis haben, ein Stück zum Curver hinein zu laufen.**

Deswegen liegt der Fokus beim Aufbau darauf, den kürzesten Laufweg zu trainieren. Zudem kommen wir auch bei dieser Figur mit dem Element Away in Berührung, da der Hund nach der Geraden vom Curver weggedreht wird.

Figur | **Schwarz** führt zu **Lila** = F | B – p

Figur | **Weiß** führt zu **Rot** = F | W – r

**VARIANTE AUF SCHWARZ**
F | B – p

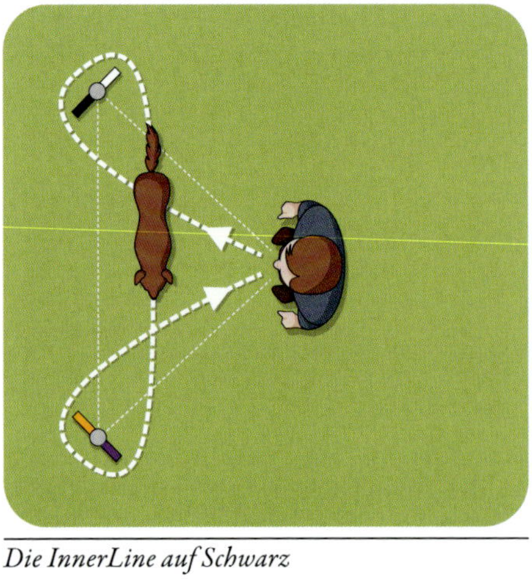

*Die InnerLine auf Schwarz*

Ähnlich wie beim Twist wird dem Hund kurz vor der InnerLine akustisch mitgeteilt, was als Nächstes passiert. Dadurch muss sich der Hund nicht erst optisch am Halter orientieren, sondern kann den direkten Weg einschlagen.

**Spezifische Regel: InnerLine**
Ein akustisches Signal gibt keine Abzüge.

Für manche Hunde bietet es sich an, mit einem Target als Zwischenbelohnung zu arbeiten. Das ist sehr individuell und vom jeweiligen Mensch-Hund-Team abhängig.

## AKUSTISCHES SIGNAL

Zunächst wird das akustische Signal aufgebaut. Dafür steht der Curver direkt neben der Ausgangsstange mit Blick zur Zielstange. Soll der Hund um Lila laufen, startet er auf der linken Seite seines Menschen. Das mag dem ein oder anderen verkehrt vorkommen, da der Mensch ja später nicht mehr zwischen Stange und Hund steht, doch es hilft ihm beim Aufbau dabei, geradeaus durchzustarten und erst die zweite Stange zu umrunden. Der Körper des Curvers blockt den Laufweg nach innen über einen deutlichen Schritt nach vorn ab, wodurch

*Zuerst lernt der Hund, direkt von einer Stange zur zweiten zu laufen.*

die Fehlerquote verringert wird. Das akustische Signal ertönt unmittelbar bevor der Arm den Hund mit einer deutlichen Bewegung nach vorn losschickt, um eine Überschattung zu verhindern. Diese Übung darf gern mit einem gewissen Tempo einhergehen und eine hohe Motivationslage darf bestätigt werden. Für den Hund soll das oberste Ziel sein, möglichst schnell in gerader Linie zur nächsten Stange zu kommen und keine Umwege zu laufen.

**Spezifische Regel: InnerLine**
Der Hund darf während der inneren Geraden nicht in die Führzone laufen.

Da der Curver sich in den nächsten Schritten immer weiter von der Stange weg Richtung Mitte entfernt, muss der Hund den Laufweg allein schaffen, und je höher seine Motivation dazu ist, desto präziser wird er diese Aufgabe erledigen. Als Hilfsmittel kann man einen kleinen Schafszaun verwenden, der den Laufweg zwischen den Stangen blockiert. Der Curver kann dann unmittelbar nach dem Umrunden der zweiten Stange über den Zaun hinweg belohnen. Dafür bietet sich ein externer Belohnungspunkt an, der hinter der zweiten Stange positioniert wird. Für den weiteren Verlauf ist es wichtig, dass der Curver die Seite wechselt, damit der Hund zwischen Stange und Mensch steht. Nur so kann der Mensch sich im Bild Schritt für Schritt verändern und weiter vom Hund wegbewegen, bis er zwar mit Abstand, jedoch mittig zwischen den Stangen steht.

## SEITENWECHSEL

Hat der Hund das akustische Signal verinnerlicht und verstanden, dass er an der ersten Stange vorbei auf die zweite Stange zulaufen soll, so kann der Curver nun die Seite wechseln. Auch der Abstand wird im zweiten Schritt vergrößert. Schnell erkennt man, ob der Hund die Aufgabe verstanden hat oder doch ein gutes Stück zu seinem Menschen reinläuft. Auch hier kann eine kleine Begrenzung helfen. Ein paar Verkehrskegel nebeneinander oder ein Schafszaun ergeben bereits die Begrenzung für die InnerLine. Dennoch müssen all diese Hilfsmittel durch viele Wiederholungen abgebaut werden, bevor man die InnerLine im Parcours einsetzt.

*01 – 02 Die InnerLine ist eine besonders anspruchsvolle Figur, ...*

*03 – 04 ... weil der Hund nicht zu seinem Menschen in die Führzone kommen darf.*

Der Hund darf dabei nicht lernen, dass sein Laufweg von einem Zaun abhängig ist und er ohne Begrenzung einen großen Bogen laufen kann. Deswegen sollte man seinen Hund gut beobachten und das Training entsprechend anpassen.

## DIE AUSGANGSSTANGE

Die InnerLine ist fast geschafft, aber es gehört noch mehr als nur das präzise Laufen von einer zur zweiten Stange dazu. Deshalb wird das einfache Umrunden der ersten Stange eingebaut, bevor es zur zweiten Stange geht. Auch hier ist es möglich, den Futternapf oder das Spielzeug als Zwischenbelohnung zu nutzen und den Hund nicht direkt um die zweite Stange, sondern zum Napf zu schicken. Dabei besteht jedoch die Gefahr, dass die Übertragung auf das zweite Umrunden etwas schwieriger ist als ohne Belohnungspunkt. Man muss ausprobieren, was für welchen Hund funktioniert. Zudem ist das Timing des akustischen Signals bei der Übung besonders wichtig. Es ertönt genau in dem Moment, wenn der Hund die Ausgangsstange etwa zu drei Viertel umrundet hat, also noch keinen Blickkontakt zum Curver aufbauen konnte. Es bedarf einiger Wiederholungen und einer intensiven Festigung, damit der Hund auch wirklich weiß, was er zu tun hat, und sich das Kommando nicht abnutzt.

**PARCOURS:**
**DER KOOIKERHONDJE**

Back | InnerLine
S | B – p ⟩ o – b
S | W - r ⟩ g – y

*Die Übergänge*

# DAS EINPARKEN | DRIVEIN | ⊃

**Den ein oder anderen erinnert der DriveIn sicherlich an das Laufen durch die Beine, das wir bereits zuvor als Übergang gelernt haben. Es ist diesem auch recht ähnlich.**

Im Prinzip zeigt der Hund das gleiche Verhalten, dreht sich allerdings vor dem Curver und läuft rückwärts durch seine Beine hindurch, um nach dem Ausparken erneut zur gleichen Stange zu laufen.

**VARIANTEN AUF SCHWARZ**

A | B ⊃ B

A | B ⊃ W

Aktionen | Von **Schwarz** über das Einparken zu **Schwarz** = A | B ⊃ B

Aktionen | Von **Weiß** über das Einparken zu **Weiß** = A | W ⊃ W

Die Schlaufe in der Grafik bedeutet nicht, dass der Hund einen Kreis läuft, sondern dass er sich vor seinem Menschen eindreht, um dann rückwärts einzuparken. Das Schwierige an diesem Übergang ist vor allem, dass der Hund lernen muss, seine Hinterhand sehr präzise zu bewegen, um auch wirklich zwischen den Beinen einparken zu können und nicht das Schienbein oder das Knie des Curvers anzurempeln.

*Der DriveIn auf Schwarz*

**Technische Regel 8 | Don't bump**

Der Hund darf seine Führperson nicht anrempeln oder maßregeln.

Das kann bewusst geschehen, indem der Hund in Kauf nimmt, seinen Menschen zu tuschieren, oder aus Versehen, indem er die Kurve nicht richtig nimmt und dem Curver vors Bein läuft. Beide Varianten sind nicht erwünscht, und es sollte im Training Wert darauf gelegt werden, dass Hund und Halter unversehrt bleiben. Im Curving erwarten wir einen respektvollen und wertschätzenden Umgang zwischen Mensch und Hund und selbstverständlich auch umgekehrt.

01

Nicht selten sieht man im Sport hoch energetische Hunde, die ihre Grenzen nicht kennen oder überschreiten. Das kann sich durch lautstarkes Bellen äußern oder durch Zwicken und sogar Beißen. Auch das Anrempeln oder Anspringen ist ein beliebtes Ventil, um seine Frustration zum Ausdruck zu bringen. Im Idealfall begibt sich der Curver bereits bei den ersten Anzeichen auf die Suche nach der Ursache der negativen Emotionen, womit wir wieder bei den spannenden Themen Beziehung, Erziehung und Abgrenzung sind, aber auch bei der Frage, wie die Qualitäten des Lehrers sind.
Kommen wir zurück zu unserem Übergang: Es gibt mehrere Varianten, wie man den DriveIn aufbauen kann. Die einfachere Variante findet näher am Curver statt, birgt aber die Gefahr, dass der Hund seinen Menschen berührt. Die zweite Variante wird über ein Pfotentarget aufgebaut, sodass der Hund ein Stück rückwärtslaufen muss, bevor er bei den Beinen ankommt. Die Gefahr des Anrempelns ist bei dieser Variante etwas kleiner. Allerdings gibt es Hunde, die beim längeren Rückwärtslaufen vom richtigen Weg abkommen und das Bein dadurch tuschieren. In diesem Buch beschäftigen wir uns mit Variante eins und erklären dem Hund, was der DriveIn ist.

## DIE BERÜHRUNG

Da der Hund bereits gelernt hat, durch die Beine zu laufen, müssen wir ihn nicht mehr an die Nähe unserer Beine gewöhnen. Wer das verpasst hat, der kann sich gern den Aufbau der drei Varianten des Cross durchlesen und diese Übung hintanstellen. Bei der ersten Möglichkeit, den DriveIn aufzubauen, berühren wir den Hund mit unserer Hand an der Hüfte, um ihn in der Bewegung sanft anzuleiten. Deswegen üben wir zunächst, dass er unsere Berührung wahrnimmt, ohne sie als unangenehm oder störend zu empfinden. Der Hund steht vor seinem Menschen und wird beispielsweise

02

01 *Manch ein Hund muss sich erst an die Berührung an der Hüfte gewöhnen.*

02 *Der Druck sollte immer nur sanft ausgeübt werden.*

mit der rechten Hand nah an das linke Bein geführt. Aus dieser Position heraus dreht der Curver den Kopf des Hundes über ein Leckerchen in der Führhand in Richtung der Hüfte des Vierbeiners. Dadurch macht der Hund automatisch eine halbe Drehung und bewegt sich mit der Hinterhand in die richtige Position. Sobald die Hinterhand am linken Bein des Menschen angekommen ist, berühren wir mit der linken Hand sanft seine Hüfte. Dabei halten wir die Hand ganz flach und üben keinen Druck aus. Sobald der Hund die Berührung wahrgenommen hat, bestätigen wir ihn über Futter nach etwa einer Sekunde. Diese Übung wiederholen wir so lange, bis er die Berührung entspannt toleriert.

## DAS EINDREHEN

Wir beginnen die Übung aus der gleichen Position heraus, führen den Hund mit der Nase wieder in einen Halbkreis, sodass sich die Hinterhand eindreht, und unterstützen den Laufweg nun deutlicher mit der flachen Hand. Die Belohnungshand zieht den Kopf des Hundes in die entsprechende Richtung, um somit die Hinterhand korrekt auszurichten. Unterstützend schiebt die andere Hand die Hüfte des Hundes mit einem leichten Druck genau zwischen die Beine des Menschen. Die Belohnung gibt es dann, wenn der Hund mit der Hinterhand die richtige Position erreicht hat und nun rückwärts einparken könnte. Er hat sich während dieses Vorgangs einmal um 180° gedreht. Wer einen sehr langen Hund hat, muss sich bei dieser Übung ganz schön strecken. Aus Erfahrung kann ich sagen, dass es dennoch gut möglich ist.

## DER RÜCKWÄRTSGANG

Der Hund steht nun in der richtigen Position und muss nur noch ein Stück rückwärtsgehen, um hinter seinem Menschen wieder ausparken zu können. Hat er das Rückwärtslaufen bereits gelernt, kann man ihm das passende Sichtzeichen geben und ihn mit der Belohnung hinter sich abfangen. Kann der Hund das Rückwärtslaufen noch nicht, gibt es einen einfachen Trick, um ihn dazu zu motivieren. Das Leckerchen wird an der Hundenase entlang Richtung Brustkorb geführt. Die ideale Stelle, an die man das Leckerchen hält, ist im Brustbereich zwischen den Achseln des Hundes. Dadurch ist man nicht so tief, dass er sich hinlegen könnte, und auch nicht zu hoch, sodass er einfach stehen bleibt. Zudem verhindert man so, dass er versucht, sich zu drehen, um an das Futter zu gelangen. Er wird nun automatisch rückwärtslaufen, um dem Leckerchen zu folgen. Der Mensch belohnt bereits den ersten richtigen Schritt nach hinten. Es ist klug, bei einem neuen Bewegungsablauf, der zuvor nicht geübt wurde, bereits kleine richtige Verhaltensweisen zu belohnen. Auf diese Art und Weise erarbeitet man sich das Rückwärtslaufen Stück für Stück, bis der Hund hinter seinem Besitzer wieder ausparkt.

## BELOHNUNGSPUNKT

Nun fehlt nur noch ein kleiner Teil des Übergangs, um ihn zu vervollständigen. Denn der Hund bleibt nach der Ausführung nicht hinter seinem Besitzer stehen, sondern kann zur nächsten Stange weitergeschickt oder als Parcoursabschluss belohnt werden.

**Spezifische Regel: DriveIn**
Der DriveIn ist als Abschluss eines Parcours möglich.

Beim DriveIn kann der Hund nur auf eine einzige Stange weitergeschickt werden, nämlich auf die, von der er gekommen ist. Doch er kann diese Stange von beiden Seiten anlaufen. Dementsprechend sollte der Hund in diesem Schritt lernen, dass er entweder links oder rechts neben seinem Besitzer seine Endposition findet. Die Belohnung gibt es ab jetzt neben dem Bein, und die Hand zeigt dem Hund an, welche Seite für ihn die richtige ist. Auch die Schultern und die Gewichtsverlagerung auf das entsprechende Bein teilen dem Hund mit, wo der Weg weitergeht. Nach dem Ausparken wird somit immer wieder abwechselnd links oder rechts belohnt. Es bietet sich an, in beiden Händen eine Belohnung zu haben, um gut vorbereitet zu sein. Erst wenn der Hund die Sichtzeichen für die Richtung verstanden hat und sicher umsetzt, beginnen wir, die Ausgangsstange mit einzubeziehen.

## DIE AUSGANGSSTANGE

Nun wird zuerst die Ausgangsstange aufgebaut. Grund dafür ist, dass es für die Hunde sehr schwierig sein kann, aus der Geschwindigkeit heraus das Eindrehen und Einparken zu meistern. Daher sollte dieser Übergang mit viel Feingefühl trainiert werden und Fehler, wie das Anrempeln, systematisch herausgearbeitet werden. Gerade sehr schnelle Rassen neigen dazu, nicht anständig abzubremsen und mit viel Dynamik in den DriveIn zu gehen. Das führt häufig zu kleineren Unfällen, die für alle Beteiligten gefährlich sein können.

## DIE ZIELSTANGE

Im letzten Schritt arbeiten wir das Umrunden der Zielstange mit ein und schließen den Übergang damit ab. Da der DriveIn auf ein und dieselbe Stange stattfindet, benötigen wir für das Training nur eine Stange, die beides darstellt: Ausgangs- und Zielstange. Um den Hund nicht zu überfordern, wird das Umrunden zunächst in Kombination mit dem DriveIn trainiert. Der Hund

*01 – 02 Hier wird noch ohne Stangen geübt. Obwohl Jake ein großer Weißer Schäferhund ist, ...*

*03 – 04 ... schafft er den DriveIn gut und führt ihn gern aus.*

sitzt vor seinem Menschen, parkt ein, wird auf einer beliebigen Seite angenommen, zwischenbelohnt und dann zur Zielstange geschickt. Um Fehler zu vermeiden und die Übertragung für den Hund so einfach wie möglich zu gestalten, steht man noch sehr nah an der Stange. Nach und nach baut man die Zwischenbelohnung ab und kann den Hund direkt auf die Zielstange schicken. Auch hier ist noch wenig Abstand im Spiel, der im weiteren Verlauf des Trainings langsam erhöht wird. Nach einigen Wiederholungen ist das Mensch-Hund-Team soweit, die einzelnen Komponenten zusammenzusetzen und den DriveIn vollständig zu laufen.

**PARCOURS: DER MALTESER**

OuterEight | DriveIn | InnerLine
S | B – r ⊃ b – g – y
S | W – p ⊃ y – o – b

# VOM FORTGESCHRITTENEN ZUM PROFI

## — *Gemeinsam Ziele erreichen*

GAP

# DER PARCOURS MIT DREI SEQUENZEN

**Wir verlassen das innere Rechteck und befassen uns mit dem äußeren. Auf dieser Ebene liegen die Geräte. Deswegen schauen wir uns im folgenden Abschnitt den Tunnel und die beiden Hürden einmal separat an und bauen beide mit unserem Hund auf.**

Auch bei der Anzahl der Sequenzen erreichen wir ein neues Level! Mehr als drei Sequenzen kann ein Mensch-Hund-Team im Parcours nicht laufen. Wer das schafft, hat im Extremfall 15 Farbaktionen und 15 Übergänge gemeistert. Das ist eine große Herausforderung, aber gar nicht unbedingt für jedes Team erstrebenswert. Wer sich mit einer kleineren Anzahl an Aktionen wohler fühlt, darf gern in dieser Komfortzone bleiben. Auch bei den drei Sequenzen gibt es eine Aufteilung der Aktionen, wobei bei einer gleichmäßigen Verteilung die höchste Anzahl wieder zuerst aufgeschrieben wird:

11 Farbaktionen | 3 Sequenzen | 4 – 4 – 3
12 Farbaktionen | 3 Sequenzen | 4 – 4 – 4
13 Farbaktionen | 3 Sequenzen | 5 – 4 – 4
14 Farbaktionen | 3 Sequenzen | 5 – 5 – 4
15 Farbaktionen | 3 Sequenzen | 5 – 5 – 5

*Auch der Tunnel ist eine Farbaktion.*

Bei dem Training der drei Sequenzen kann sich der Curver an der zuvor beschriebenen Methode orientieren. Alle Sequenzen werden einzeln trainiert, wobei eine neue Sequenz immer mit der letzten Farbaktion der vorangegangenen Sequenz startet.

# DER TUNNEL | TUNNEL

**Der Tunnel ist bei jeglichen Hundesportarten ein beliebtes Gerät und hat eine beinah magische Anziehungskraft auf unsere Hunde. Einmal erarbeitet, können sie es kaum erwarten, durch den Tunnel zu flitzen und lassen für ihn gern auch mal die ein oder andere Curvingstange links liegen.**

Aus diesem Grund ist es unsere Aufgabe, dem Hund nicht nur den Tunnel beizubringen, sondern auch die klare Unterscheidung zwischen der Stange und dem dahinterliegenden Gerät zu verdeutlichen. Der Curvingtunnel ist fünf Meter lang, hat einen Durchmesser von 60 Zentimetern und ist im Idealfall die „Full grip"-Variante. Dadurch besteht weniger Gefahr für die Hunde, sich zu verletzen. Um den Tunnel zu stabilisieren, liegen insgesamt fünf Tunnelsäcke gleichmäßig über die gesamte Länge verteilt.

Aktion | Tunnel auf **Blau** = A | T[b]

Aktion | Tunnel auf **Rot** = A | T[r]

## DAS KENNENLERNEN

Damit der Hund den Tunnel kennenlernen kann, schieben wir ihn zunächst so eng wie möglich und ohne eine Biegung zusammen und statten uns mit einer Handvoll Leckerchen aus. Am besten lässt sich diese Übung zu zweit meistern, deswegen darf gern eine helfende Person dazukommen und sich mit dem Hund vertraut machen. Im weiteren Verlauf hält der Curver seinen Hund vor dem Tunneleingang fest, während die Hilfsperson die Aufgabe des Belohnens übernimmt. Wenn der Nachbar gerade die Grillzange schwingt und nicht verfügbar ist, kann man das Training auch allein machen und einen optisch gut sichtbaren Belohnungspunkt am Tunnelausgang positionieren. Hierbei ist das enge Zusammenschieben des Tunnels besonders wichtig, damit der Hund nicht versucht, außenherum zu laufen. Unabhängig davon, welche Variante der Curver wählt, hält er seinen Hund immer fest, wenn dieser versucht, den Tunnel zu umgehen, und lässt ihn nur los, wenn er sich für den direkten Weg durch den Tunnel entscheidet. Ein Geschirr mit einer sehr kurzen, dünnen Leine sorgt dafür, dass man nicht ruckartig in den Hund greifen muss. Die Leine sollte so kurz sein, dass man sie gerade gut halten kann. Dafür eignet sich ein sogenannter Kurzführer gut. Bei weniger sensiblen Hunden reicht auch der feinfühlige Griff in das Halsband oder Geschirr. Die Hilfsperson darf den Hund deutlich ansprechen, ihm das Futter in der Hand zeigen und ihn belohnen, wenn er den Weg durch den Tunnel gefunden hat. Wer keine Hilfsperson hat, kann den Napf zunächst in den Tunnel stellen, wenn der Hund sich nicht

*Mit zwei Personen lässt sich die Übung deutlich leichter ausführen.*

überwinden kann. Vom Werfen eines Futterstücks rate ich ab, weil die Hunde gar nicht erst lernen sollen, dass man den Tunnelboden nach Fressbarem absuchen kann. Der Napf hingegen grenzt sich optisch und von seiner Funktion her deutlich von dem geworfenen Futter ab.
Für den Hund sollte relativ schnell klar sein, dass kein Weg außen herumführt und dass der Tunnel keine Gefahr darstellt. Damit das auch der Realität entspricht, muss der Tunnel bei jedem Lauf gut abgesichert sein. Ohne Tunnelsäcke kann dieser nämlich ins Rollen kommen und den Hund erschrecken oder im schlimmsten Fall verletzen. Schiebt man den Tunnel eng zusammen, wölbt sich im Inneren das Material nach oben und erschwert vor allem kleinen Hunden den Laufweg. Für sensible Hunde kann der Boden in dieser Phase mit gefalteten Decken oder Handtüchern ausgelegt werden. Natürlich darf der Hund nach der Belohnung auch den Weg durch den Tunnel zurück zu seinem Besitzer nehmen und wird dann ebenfalls bestätigt. Es sollte jedoch möglichst von Beginn an darauf geachtet werden, dass er nicht mitten im Tunnel kehrtmacht und zurückläuft. Das ist zwar während des Aufbaus nicht dramatisch, doch je früher der Hund lernt, dass der Tunnel eine Einbahnstraße ist, bis er ihn wieder verlassen hat, desto besser:

**Spezifische Regel: Tunnel**
Im Tunnel darf keine Wendung stattfinden.

Die Übung wird so lange wiederholt, bis der Curver seinen Hund nicht mehr sichern muss und dieser freiwillig durch den Tunnel läuft.

## LÄNGE & HÖRZEICHEN

Der Tunnel darf nun weiter in die Länge gezogen werden, doch immer nur so weit, dass der Hund sich den Weg noch zutraut. An dieser Stelle wird ein akustisches Signal eingeführt. Hier gibt es zwei Varianten:

**Variante 1:** Der Curver verwendet ein Wort für das äußere Rechteck, beispielsweise „Außen“ oder „Out“.
**Variante 2:** Der Curver benennt jedes Gerät separat, beispielsweise „Hopp“ und „Durch“.

Als Erstes muss man festgelegen, welche Variante man in Zukunft nutzen möchte, und das passende Signal auswählen. Ich habe mich für Variante 1 entschieden. Das Wort erklingt im Training unmittelbar bevor der Hund in den Tunnel geschickt wird. Dabei sollte man auch auf die Aussprache und die Lautstärke achten und diese genau so einsetzen, wie man es später im Parcours macht. So kann sich der Hund den Klang des Signals optimal einprägen. Von diesem Moment an ist das akustische Signal der stetige Begleiter des Tunnels und sollte nicht ausgelassen werden. Das hat unter anderem den Grund, dass der Hund später besser unterscheiden kann, wann er wortlos um die Stange geschickt wird und via Hörzeichen zum Gerät. Der Nachbar darf die Würstchen auf dem Grill wieder umdrehen, denn der Curver kann allein weiterarbeiten, sobald der Hund das Signal verstanden hat. Noch läuft der Mensch neben dem Tunnel her, um seinen Hund am Tunnelausgang bestätigen zu können, doch das wird im nächsten Schritt abgebaut.

*Anfangs läuft man noch mit, um den Hund optimal …*

*… zu unterstützen und ihn rechtzeitig belohnen zu können.*

## ABSTAND & BIEGUNG

Der Tunnel wurde inzwischen vollständig in die Länge gezogen, doch es fehlt die typische Curvingrundung. Für den Hund bedeutet das, das erste Mal den Ausgang nicht sehen zu können und ins „Ungewisse“ zu laufen. Deswegen darf die Biegung anfangs sehr leicht und dann zunehmend verstärkt gelegt werden. Aus der Erfahrung heraus läuft der Hund den Tunnel recht schnell zuverlässig, wenn er das Prinzip verstanden hat. Auch die Biegung stellt in der Regel keine Schwierigkeit mehr dar. Falls doch, gilt, wie in jeder Übung, das Prinzip der Kleinschrittigkeit. Wir beginnen da, wo es für den Hund zuvor noch umsetzbar war, und steigern den Schwierigkeitsgrad in winzigen Einheiten. Im dritten Schritt vergrößern wir den Abstand zum Tunneleingang und gehen dazu über, den Hund mit dem deutlich ausgestreckten Arm zu schicken. Am Ende darf nicht nur Futter, sondern auch Spielzeug eingesetzt werden.

*Bei gutem Vortraining kann der Hund nun ...*

*... von der Mitte aus durch den Tunnel geschickt werden.*

## DIE UNTERSCHEIDUNG: STANGE – TUNNEL

Die meisten Hunde lieben den Tunnel und können seiner Anziehungskraft kaum widerstehen, wenn sie auf die davorstehende Stange Blau/Rot geschickt werden. Deswegen wird in diesem Schritt die klare Unterscheidung beider Farbaktionen trainiert und die entsprechende Körpersprache geübt.

Sehen wir uns einmal die beiden Aktionen aus der Vogelperspektive an:
Der Laufweg zum Tunnel kreuzt das innere Rechteck zwischen der Stange Schwarz/Weiß und Blau/Rot beinah am Mittelpunkt der Geraden. Auf die Fahne direkt schickt der Curver seinen Hund hingegen sehr zielgerichtet und frontal. Diese beiden Laufwege drücken sich auch anhand der Körpersprache des Curvers ganz unterschiedlich

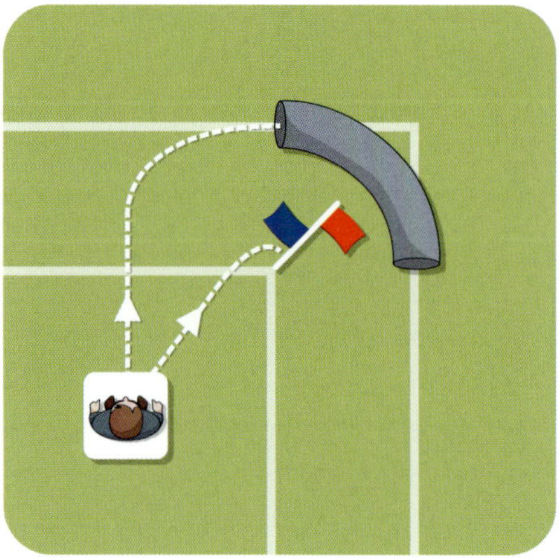

*Der Laufweg des Hundes zur Stange unterscheidet sich deutlich vom Laufweg zum Tunnel.*

aus. Wird der Hund zur Stange geschickt, richtet sich der Mensch gerade zu ihr aus, hebt den Arm leicht angewinkelt und zeigt direkt zur Stange. Schickt er den Hund hingegen zum Gerät, dreht sich der Körper zur Geraden zwischen Schwarz/Weiß und Blau/Rot und streckt den ganzen Arm weit aus. Das Gewicht verlagert sich nach vorn, die Muskulatur ist angespannt und drückt den Hund deutlich nach außen. Diese unterschiedliche Körperhaltung sollte vom Curver erst einmal verinnerlicht werden, bevor er mit dem Hund trainiert. Erst wenn man das Gefühl hat, dass sich beide Bewegungen klar voneinander unterscheiden, folgt das richtige Training. Dafür werden die Tunnelenden umgeklappt, denn nachdem wir so häufig das Gerät geübt haben, ist die Wahrscheinlichkeit groß, dass der Hund sich für den Tunnel entscheidet. Da dieser für viele Hunde selbstbelohnend ist, würden wir mit dem Training genau das Gegenteil erreichen von dem, was wir uns als Ziel vorgenommen haben. Um fair zu bleiben, beginnen wir sehr nah an der Curvingstange und setzen unsere zuvor trainierte Körpersprache ein. Sollte der Hund dennoch zum Tunneleingang laufen, ist das der richtige Moment für unser Fehlersignal. Der Hund lernt, dass er sich falsch entschieden hat, und kann sich nicht selbst belohnen, da die Attraktion leider auf unbestimmte Zeit geschlossen ist. Das Umrunden der Curvingstange wird von beiden Seiten intensiv trainiert, um das Bild in Kombination mit dem Tunnel zu festigen. Erst danach stellen wir die Tunneleingänge wieder auf und schicken den Hund über die deutliche Körpersprache und unser akustisches Signal durch den Tunnel. Von diesem Moment an darf beides miteinander kombiniert werden. Bevor wir uns jedoch mit dem neu erworbenen Wissen in den Parcours stellen, gibt es noch eine wichtige Regel:

**Spezifische Regel: Tunnel**
Der Hund darf nach dem Tunnel nicht auf eine benachbarte Stange geschickt werden.

In der Praxis bedeutet das, dass der Hund nicht zu Tunnel Blau und direkt im Anschluss auf Orange geschickt werden darf. Grund für diese Regel ist die unzureichende Ankündigungsmöglichkeit für den Hund, der die Information bereits im Tunnel erhalten müsste, um sich auf seinen weiteren Laufweg vorzubereiten. Erhält er das Signal erst, nachdem er den Tunnel verlassen hat, hat er bereits die Richtung zu seinem Menschen hin eingeschlagen und müsste seinen Weg daraufhin wieder korrigieren – das stört den flüssigen Lauf im Parcours.
Aus diesem Grund kann der Hund zwar von der benachbarten Stange in den Tunnel hineingeschickt werden, darf ihn aber nicht auf eine benachbarte Stange hin verlassen.

**PARCOURS:**
**DER LABRADOR**
DiagonalCrossing | OuterEight
S | B – g – b – y
S | W – o – y – b

# DIE HÜRDEN | HURDLES

**Die Hürden befinden sich ebenfalls im äußeren Rechteck und liegen dem Tunnel gegenüber hinter der Stange Lila/Gelb. Wer die Maße für den Aufbau nicht mehr im Kopf hat, kann sie nachlesen und wird feststellen, dass die maximale Sprunghöhe im Vergleich zu anderen Hundesportarten sehr niedrig ist.**

Curving soll ein Sport sein, den viele Mensch-Hund-Teams ausüben können, ohne körperliche Höchstleistungen erbringen zu müssen. Deswegen geht es weder um die Geschwindigkeit noch um die Höhe. Würde man Curving mit dem Adverb „besonders" beschreiben, wäre es nicht: besonders hoch, schnell und weit – sondern besonders fließend, kooperativ und präzise. Es ist sogar möglich, die Sprungstange gänzlich zu entfernen und den Hund nur durch die Aufleger laufen zu lassen. Mit dieser Entscheidung fallen automatisch auch alle anderen Körpersprünge aus dem Parcours weg.

## DIE AUFLEGER

Viele Hunde haben die Hürden sicherlich schon einmal kennengelernt und wurden im Junghundekurs oder zu Hause im Garten darübergeführt. Wir gehen hier davon aus, dass dem Hund die Hürden gänzlich unbekannt sind, und machen ihn zunächst damit vertraut, indem er zwischen den Auflegern hindurchläuft – und zwar durch beide –, ohne dass sich eine Sprungstange darauf befindet. Eine wichtige Regel für die Hürden besagt, dass der Hund sie ausnahmslos gemeinsam arbeiten darf. Aus diesem Grund werden sie von Anfang an zusammen aufgebaut.

**Spezifische Regel: Hurdles**
Die beiden Sprunghürden werden immer zusammen gearbeitet.

Dafür werden beide Hürden im rechten Winkel zueinander aufgestellt, sodass kein Platz mehr zwischen ihnen ist. Der Curver steht an der Spitze des rechten Winkels, an

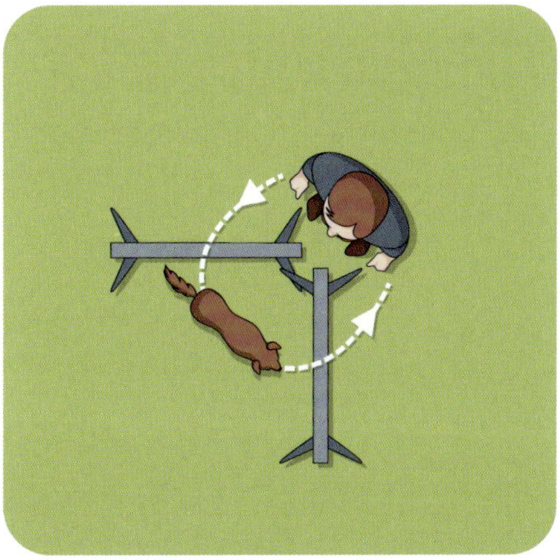

*Zu Beginn stehen die Hürden so dicht zusammen, dass der Hund nicht abkürzen kann.*

*Anfangs wird der Hund mit viel Hilfe durch die Aufleger geführt, die Stangen kommen später hinzu.*

dem sich beide Hürden berühren, und lotst den Hund von dieser Stelle aus durch die vier Aufleger durch.
Da der Curver in dieser Übung über das Locken arbeitet, bietet sich der bereits gelernte HandTouch an. Soll der Hund von links nach rechts laufen, stellt die rechte Hand den Kontaktpunkt dar und die linke Hand pausiert. Erst wenn der Hund ohne zu zögern durch die Aufleger läuft, können wir die Führhand einsetzen und ihm den Weg anzeigen, ohne mit der Belohnungshand zu locken. Genauer erklärt bedeutet das, dass der Curver seinem Hund mit der linken Hand anzeigt, dass er die erste Hürde laufen soll. Kommt er dieser Aufforderung nach, wird die Belohnungshand genau dann zur Bestätigung eingesetzt, wenn er zwischen den beiden Hürden angekommen ist. Das wird mit der zweiten Stange wiederholt und unmittelbar im Anschluss belohnt. Der Hund versteht auf diese Weise, dass er nicht auf die lockende Belohnungshand reagieren soll, sondern auf die Führhand und im Anschluss die Belohnung erfolgt. Diese Übung wird so lange wiederholt, bis er über die Anzeige der Führhand und ohne Zwischenbelohnung durch beide Hürden läuft.
War das Training erfolgreich, ist es an der Zeit, den Hund an die Sprungstangen zu gewöhnen. Dafür werden sie zunächst auf den Boden zwischen die Aufleger gelegt und der Hund wird darübergeführt. Damit er sie wahrnimmt, sollten stark motivierende Objekte oder Futter zunächst weggelassen werden. Viele Hunde neigen sonst dazu, blindlinks über die Stangen zu stolpern. Da die Stangen im Parcours nicht hinunterfallen dürfen, sollte der Hund bereits im Training mit klarem Kopf und koordinierten Bewegungen in das Sprungtraining gehen.

**Spezifische Regel: Hurdles**
Die Sprungstangen dürfen nicht hinunterfallen.

## DIE LÜCKE

Im zweiten Schritt entsteht zwischen den beiden Hürden eine Lücke. Diese Lücke ist bei den Hunden sehr beliebt, um eine Abkürzung zum Curver zu nehmen, was es natürlich zu verhindern gilt.
Da die beiden Hürden im Curvingparcours später jedoch weit auseinanderstehen, tasten wir uns nun in kleinen Abständen an die entsprechende Lücke heran. Doch nicht nur die Hürden werden weiter auseinandergestellt, auch der Curver baut einen größeren Abstand zu den Geräten auf. Um den Hund nach dem ersten Sprung im äußeren Rechteck zu halten, ist die Körpersprache des Curvers entscheidend. Die gesamte Muskelspannung drückt den Körper nach vorn zum Hund. Genau wie bei der InnerLine werden die Schulter und die Hüfte zum Hund gedreht, während sich die Führhand weit nach vorn schiebt. Dabei dreht sich der Mensch in einer fließenden Bewegung mit seinem Hund mit und ist jederzeit bereit, einen schiebenden Schritt nach vorn zu

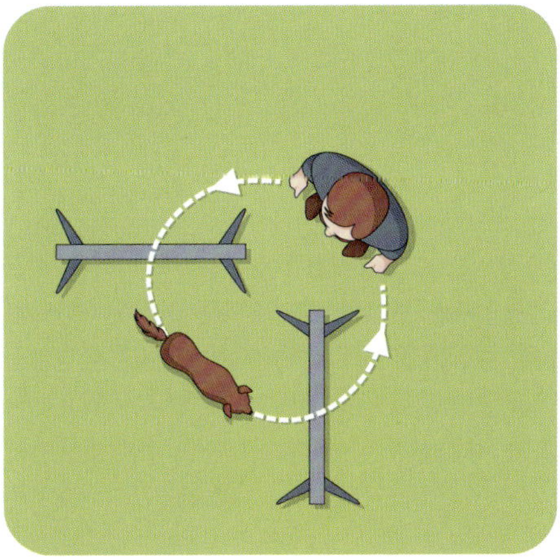

*Die enggestellten Hürden verhindern das Reinlaufen des Hundes.*

*Damit der Hund nicht zum Curver läuft, kann man über einen externen Belohnungspunkt verstärken.*

## DER ABSTAND

Der Curver hat seinen Hund so gut vorbereitet, dass er sich nun bis in die Führzone von ihm entfernen und die Hürden in die Zielposition stellen kann. In der Grafik kann man deutlich erkennen, dass der Laufweg in das äußere Rechteck beinah über den Mittelpunkt der Geraden zwischen Schwarz/Weiß und Lila/Gelb oder zwischen Lila/Gelb und Orange/Grün führt.
Sicherlich gibt es einige Hunde, die diesen Weg abkürzen wollen, doch der Curver sollte seinen Hund mit einer deutlichen Körpersprache weit in das äußere Rechteck schicken. Dabei darf er sich mit dem Körper frontal zu dem Mittelpunkt der Geraden drehen, den Führarm sichtbar strecken und sich somit von der Körpersprache zur Stange hin abgrenzen. Dieses Training haben wir mit dem Hund bereits beim Tunnel durchgeführt, sodass ihm die Übertragung leichtfallen sollte. Anders als beim Tunnel ist jedoch, dass der Hund uns während der Hürden weiterhin sehen kann und unsere Körpersprache wahrnimmt. Lässt der Curver seinen Arm nach dem ersten Sprung sinken, zieht diese Geste den Hund schnell in das innere Rechteck. Aus diesem Grund bleibt

*Die Hürdenhöhe bleibt auch für große Hunde niedrig.*

machen, wenn dieser zu ihm laufen möchte. Ziel ist es, dass der Hund beide Hürden möglichst rund und einheitlich läuft, ohne einen Schlenker zu seinem Menschen zu machen. Klappt die Übung gut, dürfen die Sprungstangen auf die niedrigste Höhe in die Aufleger gelegt werden. Beim ersten Sprung sollte der Curver seinen Hund noch im Nahbereich begleiten und das Tempo kontrollieren.

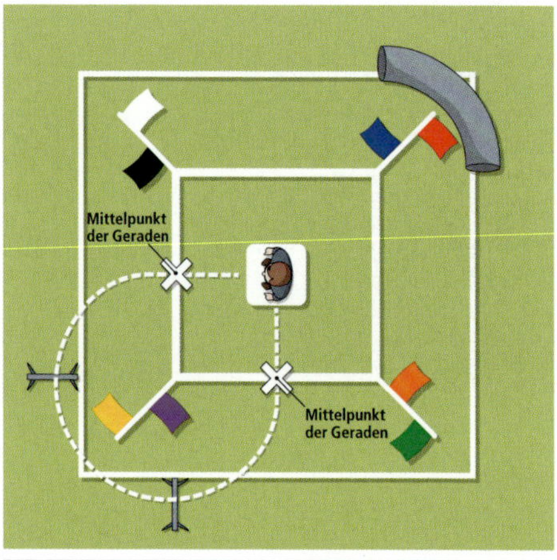


*Der Laufweg des Hundes führt etwa über den Mittelpunkt der Linie.*

die körpersprachliche Hilfe während beider Hürden bestehen und drückt den Hund nach außen. Dabei wird der Arm nicht bei jeder Hürde neu gehoben, sondern verweilt ausgestreckt, bis die Geräte gearbeitet wurden. Der Curver dreht sich im Tempo seines Hundes mit und nimmt ihn im Anschluss einladend an.

Falls der Hund im letzten Schritt seine Sprunghöhe noch nicht erreicht hat, ist jetzt der richtige Moment dafür. Auch hier gilt, dass der erste Sprung über die neue Höhe intensiv begleitet wird, um Unfälle zu vermeiden. Die Unterscheidung der Stange Lila/Gelb und der Hürden wird genauso erarbeitet wie beim Tunnel, nur dass die Hürden nicht verschlossen werden können. Da der Hund das gleiche Training jedoch beim Tunnel bereits erfolgreich absolviert hat und die Hürden zudem für die meisten Hunde nicht die gleiche Anziehungskraft haben, gestaltet sich der letzte Schritt meist unproblematisch. Mit der letzten Regel schließen wir das Kennenlernen der Geräte ab und dürfen uns auf zwei spannende Figuren freuen, die auf dem neuen Wissen aufbauen.

**Spezifische Regel: Hurdles**
Der Hund darf nach den Hürden nicht auf eine benachbarte Stange geschickt werden.

---

**PARCOURS:**
**DER CATTLE DOG**
DiagonalCrossing | Line | Hurdles/Tunnel
B – g – r – H[p]
W – o – p – T[r]

**DER GOLDIE**
Back | Loop | OuterEight | Cross | Hurdles/Tunnel
B – r ⋊ o ∋ B ⟩ H[p]
W – p ⋊ g ∋ W ⟩ T[r]

---

*Bei den Hürden spielt die Körpersprache eine entscheidende Rolle.*

*Die Figuren*

# DER KREISEL | SPINNINGTOP

**Es gibt nur zwei Figuren beim Curven, die das innere und das äußere Rechteck miteinander verbinden. Der SpinningTop und der Rabbit. Der SpinningTop verdankt seinen Namen den kreisenden Bewegungen, die der Hund macht, wenn er zunächst um die Stange und danach in den Tunnel oder über die Hürden läuft.**

Das Gleiche gilt für die umgekehrte Variante des SpinningTops. In dieser arbeitet der Hund zunächst eines der Geräte und läuft direkt im Anschluss um die Stange.

Figur | **Blau** führt zum **blauen Tunnel**
= F | b – T[b]

Figur | **Rot** führt zum **roten Tunnel**
= F | r – T[r]

Genau wie beim Twist wird beim SpinningTop Wert darauf gelegt, dass der Hund die Stange so eng wie möglich umrundet und auf kürzestem Weg in den Tunnel abbiegt, wobei die Bewegungen flüssig und rund sein sollen. Ebenso verhält es sich bei der umgekehrten Variante. Selbstverständlich wird auch hier die Länge und die Agilität des jeweiligen Hundes mit einbezogen. Das Einlaufen in die Führzone ist nicht erlaubt.

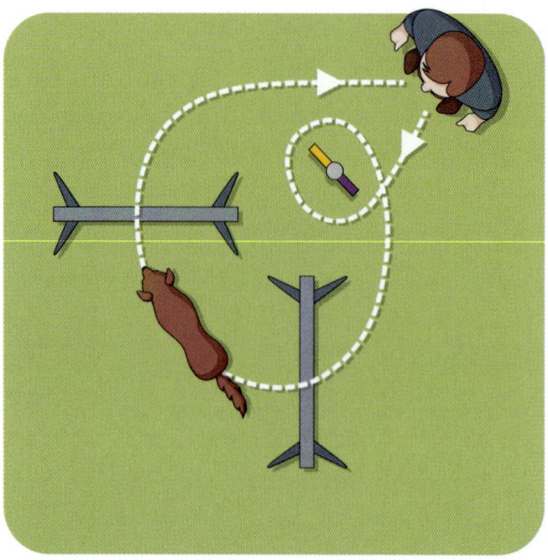
*Der Kreisel auf Lila*

**VARIANTEN AUF BLAU**
F | b – H[b]
F | H[b] – b

**Spezifische Regel: SpinningTop**
Der Hund darf zwischen Stange und Gerät nicht in die Führzone laufen.

## ZWEI STANGEN

In den Übungen zuvor haben wir gelernt, die Stange und die Geräte voneinander zu trennen. Beim SpinningTop verändert sich jedoch ein Aspekt: Der Hund kommt zwischen der Stange und den Geräten nicht wieder in die Führzone, sondern soll beides direkt nacheinander arbeiten. Wir beginnen das Training mit zwei Stangen statt des Geräts, da durch den kürzeren Laufweg mehr Wiederholungen möglich sind. Die Stangen

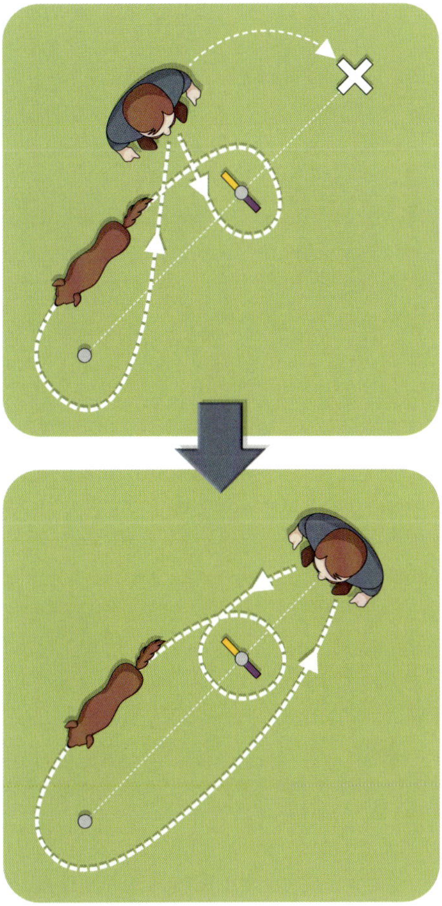

In kleinen Schritten arbeitet sich der Curver zu seiner Zielposition vor.

werden hintereinander aufgestellt, sodass der Hund locker hindurchlaufen kann. Schnelle Hunde haben es oft leichter, wenn man ihnen etwas mehr Abstand zwischen den Stangen lässt. Im Endergebnis stehen der Curver und die beiden Stangen auf einer Geraden exakt hintereinander.
Um dieses Bild zu erreichen, beginnt der Curver vorerst neben der Ausgangsstange und arbeitet sich dann Stück für Stück auf die Linie der Geraden vor. Da der Hund den Twist bereits beherrscht, können wir daran anknüpfen und müssen nicht mehrere Zwischenschritte einbauen. Steht der Curver auf der rechten Seite der beiden Stangen, schickt er seinen Hund um die rechte Seite der Ausgangsstange und im Anschluss ebenfalls auf die rechte Seite der Zielstange. Bei dieser Beschreibung wird deutlich, dass der SpinningTop mit einer Hand geführt wird, genauso wie der Twist.

**Spezifische Regel: Der SpinningTop**
Der SpinningTop wird mit nur einer Hand geführt.

Klappt das problemlos, macht der Mensch einen kleinen Schritt in Richtung Zielposition und schickt seinen Hund von hier aus erneut in den SpinningTop. Das wird so lange wiederholt, bis er an der Zielposition auf der Geraden angekommen ist und die Ausgangsstange zwischen dem Curver und der Zielstange steht. Man sollte nicht vergessen, den SpinningTop auch von der anderen Seite aus zu üben, da man dazu neigt, seine Schokoladenseite zu bevorzugen und den Hund damit körperlich einseitig belastet. Wenn es um viele Wiederholungen geht, lohnt es sich, genauso intensiv die persönliche Kohlrabiseite zu trainieren.

## AKUSTISCHES SIGNAL

Auch beim SpinningTop verwendet man ein akustisches Signal, um den Hund frühzeitig auf die nächste Figur vorzubereiten. Dementsprechend wird das Signal für das äußere Rechteck oder für die Geräte verwendet, da der Hund im Anschluss in den Tunnel oder über die Hürden geschickt wird.

**Spezifische Regel: SpinningTop**
Ein akustisches Signal gibt keine Abzüge.

Wir gehen davon aus, dass er das akustische Signal bereits beim Erarbeiten der Geräte gelernt hat. Der exakte Zeitpunkt, um das Signal zu nennen, ist im Fall auf Lila auf etwa 3 Uhr. Denn der Hund hat zwei Mög-

*01*

*02*

*03*

*04*

*05*

*01 Ein feines Zusammenspiel aus ziehender und schiebender Hilfe.*

*02 Raphaela lädt Oskar zwar zu sich ein, signalisiert ihm aber gleichzeitig, …*

*03 … dass er nicht ganz zu ihr laufen soll.*

*04 Stattdessen geht es weiter zur zweiten Stange.*

*05 Der Kreisel wird später auf die Geräte übertragen.*

lichkeiten, nach der Stange ins äußere Rechteck abzubiegen. Der eine Weg führt in den Rabbit. Da diese Figur noch früher akustisch benannt werden muss, als der SpinningTop und beide Figuren mit dem gleichen Signal belegt werden, ist das Timing des Wortsignals entscheidend. Beim Rabbit findet es etwa auf 12 Uhr statt. Daraufhin wird der Hund um die zweite Stange geschickt. Der Abstand der beiden Stangen darf nun nach und nach erhöht werden, sodass der Hund sich sicher vom Curver wegbewegen kann. Auch der Mensch bewegt sich in kleinen Schritten Richtung Führzone, um den passenden Abstand herzustellen.

## DIE GERÄTE

Im letzten Schritt tauschen wir die zweite Stange gegen die Geräte aus. Da der Tunnel für die meisten Hunde leichter zu laufen ist, bevorzuge ich dieses Gerät beim Aufbau des SpinningTops und des Rabbits. Der Abstand zur Stange wird genauso gewählt, wie er im Parcours auch liegen würde, nämlich 2,50 m bis zur Tunnelmitte. Zu Beginn der Übung darf der Mensch sich gern noch mitbewegen, seinen Hund deutlich unterstützen und körpersprachlich begleiten. Die Übertragung von der zweiten Stange auf den Tunnel ist für manchen Hund gar nicht so einfach, da die Bewegungsabläufe sich unterscheiden und er einen größeren Bogen laufen muss. Dennoch merkt man, dass das Training um die zweite Stange ein wichtiger Schritt ist, der nicht ausgelassen werden sollte, um genügend Wiederholungen einzubauen und den Hund dabei körperlich zu schonen. Auch die Körpersprache des Menschen verändert sich jetzt, denn der Tunneleingang liegt an einer ganz anderen Stelle, als die zweite Stange zuvor gestanden hat. Der Arm streckt sich weit in Richtung Eingang, der Curver dreht sich beinahe um 90° von der Stange weg, um den Hund mit dem gesamten Körper in die richtige Richtung zu führen. Wer hier zu wenig Einsatz zeigt, merkt schnell, dass der Hund unsicher wird und vom Weg abkommt. Die Hilfe darf ruhig überdeutlich gezeigt werden.

### DIE ZWEITE VARIANTE

Wer es schafft, seinen Hund so im SpinningTop zu arbeiten, der kann auch die zweite Variante perfektionieren und den Hund zuerst in den Tunnel schicken. Da viele Hunde in der Erwartungshaltung einer Belohnung beim Menschen Fahrt aufnehmen, sobald sie aus dem Tunnel kommen, müssen sie erst einmal ausgebremst und umgelenkt werden. Auch hier darf die Körpersprache bereits deutlich ein Abstoppen signalisieren und den Hund mehr oder weniger optisch vor eine Wand laufen lassen. Ich persönlich nehme dafür den Unterarm so nach vorn, dass er den Weg wie ein Balken blockiert und die Hand dennoch in die Richtung zeigt, in die der Hund als Nächstes laufen soll. Dabei drehe ich ebenfalls den Kopf und schiebe die Schulter des nicht im Einsatz befindlichen Arms nach vorn. Mein ganzer Körper blockiert den Hund so im Auf-mich-zu-Laufen und schiebt ihn erneut um die Stange. Es ist normal, dass solche Bewegungsabläufe oft und intensiv geübt werden müssen, bevor sie flüssig funktionieren. Ich habe allerdings die Erfahrung gemacht, dass unsere Hunde die Übertragung gut schaffen, wenn eine Variante des SpinningTops pingelig geübt wurde. Es lohnt sich daher, die umgekehrte Variante einfach mal anzutesten.

**PARCOURS:**
**DER TIBET TERRIER**

OuterEight | Back | Spinning Top
S | B › p – H[p] – g – b
S | W › r – T[r] – B – r

*Die Übergänge*

# DER BOUNCE | BOUNCE | ≫

**Wir sind beim dritten Körpersprung angelangt, der zwar viel Freude bereitet, aber leider nicht für jedes Mensch-Hund-Team geeignet ist. Denn nur agile Hunde mit dem passenden Gewicht können problemlos gegen ihren Menschen springen und sich von diesem abdrücken, um zur nächsten Stange zu laufen.**

Der Bounce ist nicht nur für besonders kleine Hunde, wie meine Chihuahuahündin Keeva geeignet, dennoch wird es ab einer bestimmten Gewichtsklasse kritisch. Denn wenn der Hund aus dem Lauf heraus mit voller Wucht gegen einen springt, muss man dem einiges entgegenzusetzen haben. Bei mir ist die Grenze bei etwa 25 Kilo erreicht, und obwohl meine Belgische Schäferhündin Ava hervorragend gegen Bäume springt, konnte ich diesen Übergang mit ihr leider nie in das Curvingtraining einbauen. Für jeden, der einen kleineren bis mittelgroßen agilen Hund hat, ist dieser Körpersprung jedoch ein toller Übergang und es lohnt sich, hier ein wenig Arbeit zu investieren.

**VARIANTEN AUF SCHWARZ**

A | B ≫ r
A | B ≫ p
A | B ≫ B

Aktionen | Von **Schwarz** über den Bounce zu **Lila** = A | B ≫ p

Aktionen | Von **Weiß** über den Bounce zu **Rot** = A | W ≫ r

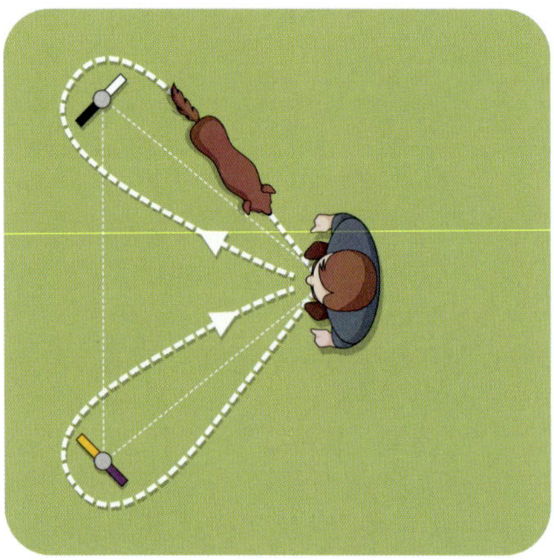

*Der Bounce auf Schwarz*

## DAS TIEFE BRETT

Obwohl der Hund später gegen seinen Menschen springen soll, empfehle ich den Aufbau mit einem Brett. Das fühlt sich für die meisten Hunde anfangs deutlich sicherer an, da das Brett stabil und somit einschätzbar bleibt. Der Mensch hingegen kann sich leicht bewegen oder den Halt verlieren, was einen Hund in der Aufbauphase verunsichern könnte. Ein solches Brett erhält man im Baumarkt und kann es auf Maß zuschneiden lassen. Es sollte hoch genug, breit genug und stabil genug sein, um den Hund sicher bouncen lassen zu können. Dazu empfehle ich eine Fußmatte oder einen anderen griffigen Untergrund, der auf dem Brett festgeklebt wird. So hat der Hund einen rutschfesten Untergrund und man verhindert, dass er schlechte Erfahrungen macht oder sich gar verletzt. Im ersten Schritt wird das Brett relativ flach an eine Kante gelehnt. Das kann ein Bordstein an einer kaum befahrenen Straße sein, ein Baumstumpf, eine Bank oder Ähnliches. Das Brett sollte so flach liegen, dass der Hund entspannt darüberlaufen kann. Dabei stellt der Mensch seinen Fuß an der untersten Kante auf das Brett, sodass es vom Hund im Idealfall mit allen vier Pfoten berührt werden muss.

**Spezifische Regel: Bounce**
Der Mensch muss mit mindestens einem Vorder- und einem Hinterlauf berührt werden.

Auf diese Art und Weise bekommt er ein Gefühl für die Schräge und den Untergrund. Ist der Hund über das Brett gelaufen, wird er im Anschluss direkt neben seinem Menschen belohnt. Dafür kann man ein Leckerchen seitlich wegwerfen, das gut sichtbar sein sollte. Alternativ kann man sich auch ein Stückchen seitlich und nach hinten wegbewegen, um den Hund mitzuziehen und ihn dann aus der Hand zu füttern. Stellt dieser Schritt für den Hund kein Problem dar, wird das Brett immer aufrechter gestellt. Das funktioniert beispielsweise an einem Baum oder an einem stabilen Geländer. Auch die Rückseite der Bank bietet sich an, um mehr Schräge zu erzeugen. Aber Vorsicht: Es sollte immer geprüft werden, ob es stabil steht. Zeitgleich wird auch das Bein immer höher darangestellt. So muss der Hund mehr Anlauf nehmen und sich mit mehr Schwung abdrücken, um über das Bein zu kommen. Durch den kleinschrittigen Aufbau stellt die Übung für die meisten Hunde keine Schwierigkeit dar und sie fühlen sich schnell sicher. Natürlich sollte das Lerntempo bei solchen Übungen unbedingt an den jeweiligen Hundetyp angepasst werden. Manche Hunde brauchen einige Tage lang regelmäßige Wiederholung, um sich sicher zu fühlen. Andere springen bereits nach wenigen Einheiten einen kompletten Bounce an einer vertikalen Fläche.

*Über das einfühlsame Training mit geringer Steigung …*

*… lernen die meisten Hunde schnell den Bounce.*

*Hat der Hund den Bounce bereits am Brett gelernt, ...*

*... fällt die Übertragung auf den Menschen leichter.*

## DER FREIE BOUNCE

Zwar benötigen wir im Parcours keinen Bounce gegen einen Baum, doch für den weiteren Aufbau ist es hilfreich, den Hund an verschiedene Untergründe beim Sprung zu gewöhnen. Bisher kennt er nur das Brett, nun weiten wir das Training auf einen Baum oder eine griffige Wand aus. Dafür wird das Brett genau an das Objekt gestellt, an das der Hund später springen soll – in diesem Fall an einen Baum. Nachdem der Hund einige Male erfolgreich gegen das Brett gesprungen ist, wird dieses zur Seite gestellt und der Fuß des Curvers stemmt sich gegen den Baum, um das gleiche Bild wie zuvor zu erzeugen. Nur die Komponente der Sprungfläche ändert sich. Diese Übertragung klappt bei den meisten Hunden sehr gut, vorausgesetzt, der ausgesuchte Baum ist breit und die Rinde griffig genug, um sich sicher davon abdrücken zu können. Diese Voraussetzungen sollten zuvor geprüft werden, um dem Hund die Übertragung so leicht wie möglich zu machen. Sobald das Prinzip verstanden wurde, kann man den Bounce auf weitere Flächen an verschiedenen Orten ausweiten, um den Übergang zu generalisieren. Mit diesem Training ist er ideal auf den Bounce gegen seinen Menschen vorbereitet.

## DER SCHOSS

Wir dürfen es uns gemütlich machen und starten das Training im Sitzen. Dafür eignet sich ein Stuhl, eine Bank oder auch das Sofa, sofern genügend Platz ist, um den Hund zum Belohnungspunkt weiterschicken zu können. Häufig ist es so, dass unsere Hunde Hemmungen haben, uns in dieser Form anzuspringen. Das liegt bei den meisten daran, dass ihnen das Anspringen von klein auf abtrainiert wurde, und zum anderen, dass ein Bounce eher einem Anrempeln gleichkommt. Keine Sorge, der Bounce ist ein Trick und führt nicht dazu, dass erzieherische Grundlagen hinterfragt werden. Als Nächstes erklären wir dem Hund daher, dass der Sprung in diesem Kontext erlaubt und sogar erwünscht ist. Dafür bieten wir ihm eine sichere und momentan noch waagerechte Fläche auf unserem Schoß an. Traut sich der Hund nicht, direkt auf den Schoß zu springen, kann er zunächst auf die Bank hüpfen und von dort aus über den HandTouch auf die Beine gearbeitet werden. Funktioniert das gut, setzt man sich immer weiter an den Rand der Bank, bis der Hund automatisch auf den Schoß springen muss, weil keine Bankfläche mehr übrig ist. Mit solchen kleinen Tricks lassen sich viele Probleme lösen. Auf dem Schoß angekommen, darf der Curver einige Male belohnen und seinen Hund dann zum nächsten Belohnungspunkt schicken. Dieser steht im gleichen Winkel zum Menschen, in dem später auch die Zielstange stehen würde, allerdings in geringerer Entfernung. Wir wiederholen das Training so lange, bis wir den Hund ohne Zwischenbelohnung auf den Schoß springen lassen und daraufhin direkt zum Napf schicken können. Er sollte sich nur kurz auf dem Schoß aufhalten.

## DIE HÖHE

Damit wir uns unserem Ziel nähern können, brauchen wir einen Baum oder eine Wand, an die man sich gut anlehnen kann. Jetzt wird es auch für uns sportlich, denn wir lehnen uns mit dem Rücken an den Baum, sodass der Hund noch gut auf unseren Schoß kommen kann, und wiederholen die Übung von der Bank. In kleinen Schritten stellt sich der Curver nun immer aufrechter hin, bis er gerade stehen kann und sein Hund den gewünschten Bounce an den Oberschenkeln oder der Hüfte zeigt. Alternativ kann der Bounce am Menschen auch mit einer zweiten Person begonnen werden, die sich zunächst tief in die Hocke begibt. Der Curver führt seinen Hund dann auf den Schoß der Hilfsperson und schickt ihn danach zum Napf oder belohnt seitlich versetzt. Auch bei dieser Variante richtet sich die Person immer weiter auf, bis sie gerade steht. Anschließend muss die Übertragung auf den Curver stattfinden, wofür sich erneut die Übung mit der Bank anbietet.

*Auch auf einer Bank sitzend kann man den Bounce trainieren.*

*Der schwierigste Schritt nach dem Erlernen des Bounce …*

*… ist das Weiterschicken auf die Zielstange.*

*Pudel Nisa hat das Prinzip verstanden.*

## DIE ZIELSTANGE

Wer es bis hierher geschafft hat, hat den größten und schwierigsten Teil des Übergangs bereits hinter sich. Da wir den Hund von Beginn an immer direkt zum Belohnungspunkt geschickt haben, wird dieser Schritt deutlich leichter. Der Hund hat den richtigen Fokus und die Bewegungsabläufe stimmen mit dem Weg zur Zielstange überein. Wir stellen uns nah an sie heran und führen den Hund nach dem Bounce deutlich und mit der nötigen Hilfe um die Stange. Es ist sehr wahrscheinlich, dass die ersten Versuche noch holprig sind, bevor die Abläufe flüssiger werden. Ich empfehle nach dem Bounce direkt einen Schritt mit dem Hund gemeinsam auf die Stange zuzumachen, um sich eher neben als hinter ihm aufzuhalten. So kann er in dieser Übergangsphase gut begleitet und angeleitet werden. Es bedeutet aber auch, koordinatorisch geschickt und schnell zu reagieren. Bei erfolgreichem Training wird der Abstand zur Stange erhöht und die Hilfen werden langsam abgebaut.

## DIE AUSGANGSSTANGE

Da sich diese Abfolge beim Curving stetig wiederholt, dürfte der Hund die Ausgangsstange schnell integrieren können. Wer nun erneut den Napf auspackt, um direkt nach dem Bounce zu belohnen, macht womöglich einen leichten Rückschritt, weil der Hund wieder auf die alte Idee gebracht wird. Wer merkt, dass es an der Umsetzung scheitert, kann den Napf gern zur Hilfe nehmen.

**PARCOURS:**
**DAS ITALIENISCHE WINDSPIEL**

DiagonalCrossing | InnerLine | Bounce
S | B » p – r – g
S | W » r – p – o

*Die Figuren*

# DER HASE | DER RABBIT

**Der Rabbit gilt als die schwierigste Figur beim Curving. Sein Name wird vom hakenschlagenden Hasen abgeleitet und beschreibt die s-förmige Laufstrecke. Neben dem Twist zählt der Rabbit zu meinen persönlichen Lieblingsfiguren.**

Sicherlich hat das etwas damit zu tun, dass man sich zuvor das Away sauber erarbeiten musste und es Freude macht zu sehen, wenn man diesen Vorgang mit seinem Hund gemeinsam umsetzen kann. Das ist bereits im Nahbereich schwierig und auf Distanz eine noch größere Herausforderung. Beim Rabbit wird der Hund zunächst um die Stange geschickt und dann unmittelbar danach über das Away auf das dahinterliegende Gerät gearbeitet.

Figur | **Blau** führt zum **roten Tunnel**
= F | b – T[r]

Figur | **Der blaue Tunnel** führt zu **Rot**
= F | T[b] – r

Figur | **Lila** führt zu den **gelben Hürden**
= F | p – H[y]

Figur | **Die lila Hürden** führen zu **Gelb**
= F | H[y] – p

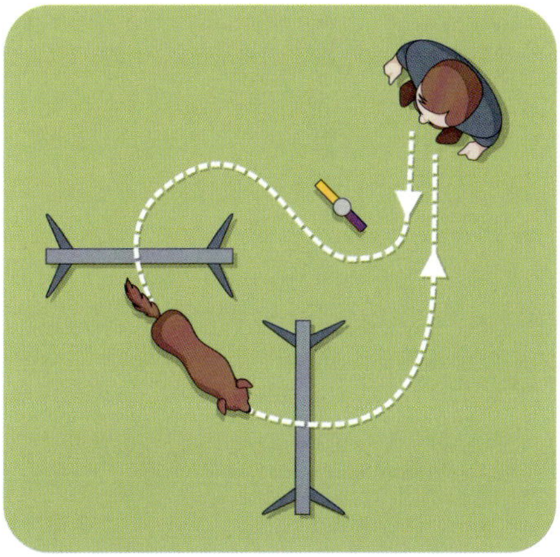

*Die enge Wendung beim Away macht den Rabbit so anspruchsvoll.*

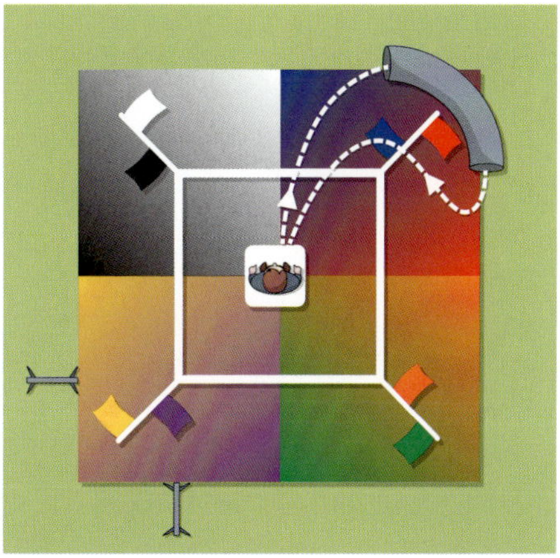

*Nach dem blauen Feld läuft der Hund über das rote Feld um die Stange.*

Ein Kunde von mir fragte mich, weshalb bei der zweiten Variante die rote Stange genannt wird, obwohl der Hund doch aus seiner Perspektive betrachtet um Blau läuft. Die Begründung erkennt man, wenn man die Farbfelder betrachtet: Da der Hund zuerst über das rote Feld läuft und dann in das blaue, also von rechts nach links, zählt die Umrundung über Rot.

## DAS AWAY ÜBER ZWEI EBENEN

Für den ersten Schritt benötigen wir keine Geräte, denn zunächst wird der Bewegungsablauf für sich allein geübt. Dafür nehmen wir zwei Stangen, die, relativ nah zusammenstehend, hintereinander aufgebaut werden. Der Abstand sollte so gewählt werden, dass der Hund locker zwischen den beiden Stangen herlaufen kann. Je geschulter der Hund bereits im Curvingsport ist, desto weiter dürfen die Stangen zu Beginn bereits auseinanderstehen. Unser Endziel ist es, dass der Mensch und die beiden Stangen auf einer geraden Linie hintereinanderstehen und der Hund quasi im Slalom einmal um die Stangen läuft. Um dieses Ziel zu erreichen, beginnt der Curver jedoch zunächst neben der ersten Stange das Training, denn so kann er seinem Hund eine optimale Hilfestellung im Lauf auf die zweite Stange geben.
Da wir in diesem Beispiel wieder auf Lila starten, steht der Mensch auf der rechten Seite der ersten Stange in etwa einem Meter Entfernung. Der Hund wird nun um Lila geschickt, mit der rechten Hand zwischen den Stangen angenommen und direkt um die zweite Stange gelotst. In manchen Fällen ergibt sich die Schwierigkeit, dass der Hund automatisch eine Gerade läuft, anstatt sich einladen zu lassen. Dann eignet sich eine Zwischenbelohnung nach der Annahme in Kombination mit einer überdeutlichen, ziehenden Hilfe.

## AKUSTISCHES SIGNAL

Wir helfen unserem Hund dabei, den Rabbit schnell und klar erkennen zu können, indem wir auch bei dieser Figur ein akustisches Signal einführen.

**Spezifische Regel: Rabbit**
Ein akustisches Signal gibt keine Abzüge.

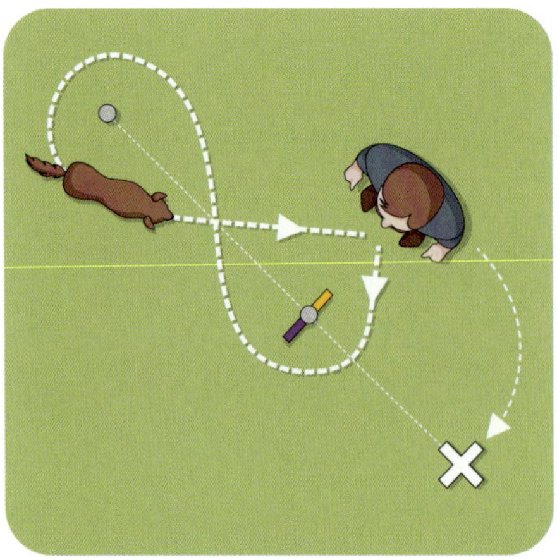

*Genau wie beim SpinningTop beginnt der Curver das Training neben den Stangen, ...*

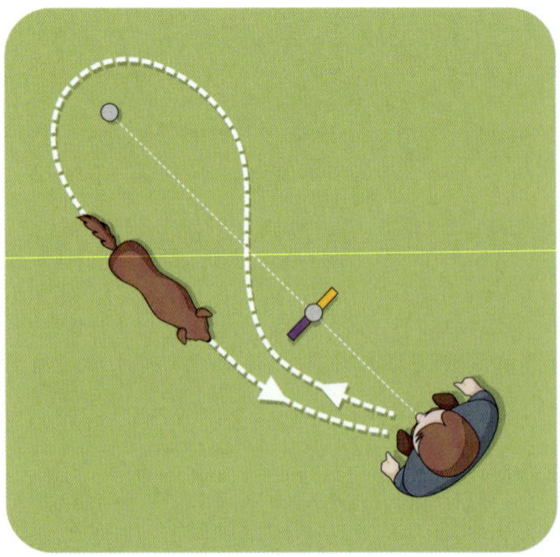

*... und tastet sich dann langsam in die richtige Position vor.*

Da der Curver zuvor festgelegt hat, ob er die Geräte jeweils separat oder das äußere Rechteck im Ganzen benennt, muss hier keine Entscheidung mehr getroffen werden. Zudem kennt der Hund das Signal bereits und kann die Zusammenhänge mit hoher Wahrscheinlichkeit zügig erkennen. Wichtig beim Rabbit ist der Zeitpunkt des akustischen Signals. Der Laufweg darf nicht zu weit fortgeschritten sein, damit der Hund seine Bewegungen auf den Rabbit einstellen kann. Würde der Curver das Hörzeichen auf 9 Uhr geben, müsste der Hund das farblich gleiche Gerät zuerst arbeiten. Bekäme er das Signal auf 3 Uhr, hätte er bereits den Rückweg eingeschlagen und müsste seinen Lauf korrigieren. Es könnte sogar sein, dass er eine Regel bricht, weil er zu weit in Richtung Curver läuft:

**Spezifische Regel: Rabbit**
Der Hund darf nach der ersten Farbaktion nicht mehr in das innere Rechteck kommen.

Dementsprechend ist das optimale Timing für das akustische Signal bei etwa 12 Uhr. Nach einigen Wiederholungen wird nur noch der Abstand vergrößert, bevor es mit dem dritten Schritt weitergeht.

## DIE GERÄTE

Der größte Teil des Trainings ist geschafft. Es bleibt die Übertragung auf die Geräte, die wir wieder mit dem Tunnel beginnen. Die größte Problematik liegt in der Länge der Geräte und somit der angepassten Körpersprache des Curvers. Wurde der Hund zuvor auf eine einzelne Stange geschickt, muss er nun einen deutlich größeren Bogen laufen, um die Geräte sauber zu arbeiten. Dabei wird die Körpersprache so angepasst, dass die ziehende Hilfe nach der Stange intensiver ist – der Hund wird auf diese Art zur Seite gelotst, damit er beim Away den Tunneleingang oder die erste Hürde sicher erreichen kann, und dennoch darf er nicht in das innere Rechteck laufen. Da der Hund die Geräte inzwischen verstanden hat und über das akustische Signal frühzeitig weiß, was wir von ihm erwarten, denken die meisten Hunde bereits an vielen Stellen mit – wir wachsen als Curvingteam zusammen und das Erarbeiten der Figuren und Übergänge wird immer leichter.

**PARCOURS:**
**DER JAGDTERRIER**
Diagonal | InnerEight | Cross | Rabbit
S | B – o – r – T[b] ∋ y
S | W – g – p – H[y] ∋ b

*Das akustische Signal und die körpersprachliche Geste …*

*… zeigen dem Hund das Away an.*

# DIE WELLE | WAVE | ∿

**Jetzt wird es kurvig – nichts Neues beim Curving? Doch, bei der Wave wird es in der Führzone einmal richtig eng und verschlungen. Man könnte diesen Übergang auch als Kombination aus einer Drehung und dem Driveln beschreiben.**

Die Wave beginnt im Rücken des Curvers. Der Hund läuft auf seinen Menschen zu, dreht sich neben ihm ein, um einzuparken und nach dem Ausparken auf eine weitere Stange geschickt zu werden. Aus der Vogelperspektive betrachtet, sieht der reine Laufweg ein wenig wie eine Welle aus.

Aktion | Von **Schwarz** über die Wave zu **Grün** = A | B ∿ g

Aktion | Von **Weiß** über die Wave zu **Orange** = A | W ∿ o

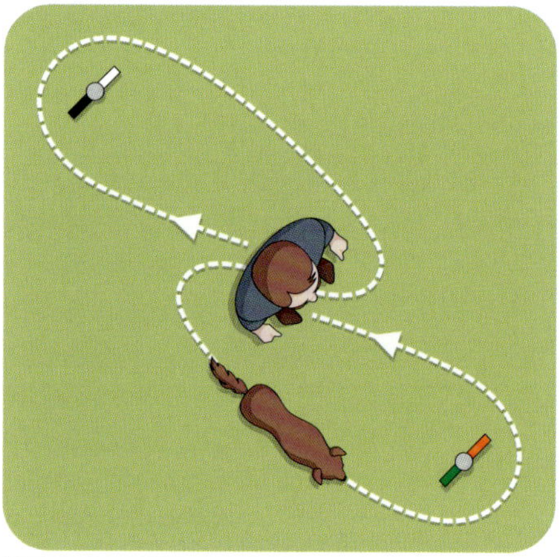

*Die Wave auf Schwarz*

**VARIANTEN AUF SCHWARZ**

A | B ∿ g
A | B ∿ o

Beim Curving legen wir viel Wert auf einen flüssigen Bewegungsablauf. Nun muss man sagen, dass die Wave alles andere als flüssig wirkt, wenn sie nicht oft und intensiv genug geübt wird. Das Gleiche gilt für den Drive-In. Fühlt sich der Hund in den Bewegungsabläufen sicher, wird auch die Wave mit Schwung und weichen Bewegungen ausgeführt. Der schwierigste Punkt ist sicherlich, den Hund nach dem Ausparken wieder in das Grundtempo zu bekommen, mit dem er in den Übergang reingegangen ist. Die Wave wird auf beiden Seiten aufgebaut, weil der Hund ohne Ausnahme nur auf der Seite ausparken darf, auf der er zuvor nicht angenommen wurde.

**Spezifische Regel: Wave**
Der Hund darf nicht auf der Seite ausparken, auf der er angenommen wurde.

Das klingt in der Beschreibung erst mal kompliziert, ist aber eigentlich recht simpel: Parkt der Hund über die rechte Seite ein, darf er nur links wieder ausparken. Und natürlich umgekehrt: Parkt er auf der linken Seite ein, muss er auf der rechten Seite wieder rauskommen. Das führt dazu, dass beide Seiten geübt werden müssen, um jegliche Varianten eines Parcours laufen zu können.

**Spezifische Regel: Wave**
Die Wave muss von beiden Seiten aus beherrscht werden.

## DAS EINDREHEN

Zum Glück haben wir den DriveIn schon gelernt, denn dieses Element kann einfach an das Eindrehen drangehängt werden. Aus diesem Grund brauchen wir bei der Wave auch nicht alle Elemente einzeln zu üben. Der Hund kennt die meisten Bewegungsabläufe bereits, und nur ein kleiner Teil, nämlich das Eindrehen, ist neu. Da es für viele Mensch-Hund-Teams schwieriger ist, das Eindrehen sofort an der Beinseite zu trainieren, kann man mit der Drehung vor dem Menschen anfangen. Wenn der Hund über die rechte Seite in die Drehung gelotst wird, würde er über die rechte Hand gegen den Uhrzeigersinn gedreht werden. Das trainieren wir nun vor dem Menschen. Die Führhand ist zeitgleich die Belohnungshand und dreht die Hundenase in Richtung Hinterlauf. Durch diese Bewegung beginnt der Hund sich zu drehen. Anfangs nur wenig, im weiteren Verlauf des Trainings immer mehr. Wie zuvor mehrfach erwähnt, setze ich bei Lockübungen am liebsten den Hand-Touch ein. Ich gebe dem Hund die Chance, mit seiner Nase meine Hand zu berühren, die ich neben seine Hinterhand halte. Dadurch dreht er sich ein und erhält die Belohnung. Danach versetze ich die Hand so, dass er eine Dreiviertel- oder sogar eine ganze Drehung macht. Je nachdem, wie leicht der Hund sich auf die Übung einlassen kann, baue ich viele oder wenige Zwischenbelohnungen ein. Das Training wird so lange fortgeführt, bis sich der Hund durch eine Handbewegung komplett um die eigene Achse dreht und wieder vor dem Menschen ankommt. Natürlich kann die andere Seite gleich mitgeübt werden, so hat man es später leichter und der Hund wird bereits während des Trainings beidseitig belastet.

*Die Drehung kennt der Hund bereits vom DriveIn.*

*Auch die Berührung mit der Hand hat er schon kennengelernt.*

## EINDREHEN AM BEIN

Nun verlagern wir das Training neben den Menschen und greifen auf ein Element zurück, das wir in einem anderen Kontext kennengelernt haben: das U. Während wir den Hund bei der OuterEight von vorn in das U ziehen, geschieht das bei der Wave von hinten. Wir drehen unserem Hund den Rücken zu und halten ein Stück Futter in der rechten Hand, wenn wir ihn auf dieser Seite annehmen wollen. Durch das U bei der Wave wird der Hund zunächst an seinem Menschen vorbei und dann auf diesen zu direkt neben das Bein gezogen. Die Ausprägung des U hängt von der Länge und der Größe des jeweiligen Hundes ab. Wichtig ist, dass wir unseren Hund am Ende der Übung so neben uns positioniert haben, dass der Kopf in etwa auf Höhe des Beins und sein Rücken gerade ausgerichtet ist. Aus dieser Position heraus wird er im nächsten Schritt in den DriveIn geformt. Je besser der Curver seinen Hund daher bereits während dieser Übung ausrichtet, desto einfacher ist später der weitere Aufbau. Zudem kann das U im Laufe des Trainings immer weiter abgebaut werden, sodass der Hund nicht mehr in die richtige Position läuft, sondern seinen Körper eindreht. Dabei bleibt er mit den Vorderläufen neben seinem Besitzer stehen und dreht nur noch das Hinterteil rum. Viele Hunde, die die Übung bereits mehrfach wiederholt haben, drehen sich später über einen Sprung ein.

## DER DRIVEIN

Das Einparken kann der Hund bereits, doch man sollte nicht vergessen, dass er für die Wave beide Seiten beherrschen muss. Danach wird das zuvor Gelernte mit dem Einparken kombiniert. Der Unterschied ist die Ausgangsposition des Hundes. Während er beim DriveIn frontal auf uns zu gerichtet ist, steht er bei der Wave neben dem Bein und wickelt sich sozusagen einmal darum. Eine Berührung ist erlaubt, ein Anrempeln jedoch nicht. Für die Drehung bewegen wir erneut den Kopf des Hundes über die Belohnungshand, die im weiteren Verlauf zur Führhand wird, so weit in die entsprechende Richtung, dass das Hinterteil um 180° eingedreht wird. Als Resultat landet der Hund in der optimalen Position, um rückwärts durch die Beine zu laufen und wieder ausparken zu können. Der erste Belohnungspunkt wird noch vor dem Rückwärtsgang gesetzt, denn gerade wenn später mehr Geschwindigkeit ins Spiel kommt, sollten die Bewegungsabläufe sicher eingeübt und präzise sein. Durch die Zwischenbelohnungen wird der optimale Bewegungsablauf immer wieder kleinschrittig trainiert.

## DAS AUSPARKEN

Hunde, die den DriveIn bereits gut beherrschen, brauchen an dieser Stelle keine Hilfe mehr beim Rückwärtslaufen. Die Hand des Curvers und sein zur jeweiligen Seite geneigter Oberkörper zeigen genau an, auf welcher Seite wieder ausgeparkt werden soll. Diese Körpersprache spielt im weiteren Verlauf des Trainings gar nicht mehr so eine große Rolle, da auch unsere Hunde mit der Zeit verstehen, dass es nur eine richtige Seite zum Ausparken geben kann. Für das jetzige Training ist die richtige Haltung unumgänglich. Die zuvor als Belohnungshand eingesetzte Hand wird nun zur Führhand. Seine Belohnung holt sich der Hund nach dem Ausparken ab. Gern darf an dieser Stelle auch Spielzeug eingesetzt werden, um mehr Schwung in den eher ausbremsenden Übergang zu bringen. Je öfter der Hund die Wave ausführt, desto routinierter werden die Bewegungsabläufe. Was am Anfang noch holprig und langsam aussieht, geht später in fließende Bewegungen über.

*01 – 02 Der Hund startet von hinten und dreht sich neben den Curver, ...*

*03 – 04 ... um dann rückwärts einzuparken und auf der anderen Seite angenommen zu werden.*

## DIE AUSGANGSSTANGE

Eine Hürde gilt es noch zu nehmen: die Ausgangsstange. Es ist nicht leicht für Hund und Halter, die Wave die ersten Male aus einer schnellen Bewegung heraus durchzuführen. Der Hund muss die Geschwindigkeit, den Bremsweg und die Drehungen genau einschätzen, um sich passend eindrehen zu können. Das bedarf viel Übung. Auch der Mensch muss seinen Hund über die Schulter hinweg anleiten, annehmen und führen, denn er steht mit dem Rücken zu ihm. Möchte man keine blauen Flecken, sollte man den Hund frühzeitig ausbremsen und mit Bedacht in die Wave annehmen. Hat man diese Schritte erfolgreich gemeistert, kann die Zielstange mit Leichtigkeit in das Training eingebaut werden, hierfür ist kein weiteres Training nötig. Die Bewegungsabläufe kennt der Hund bereits vom Drive-In, dem Back und anderen Übergängen.

**PARCOURS:**
**DER KANGAL**

InnerEight | Jump | Wave

S | B ⤻ p ∼ r – o

S | W ⤻ r ∼ p – g

*Die Übergänge*

# SCHANZENSPRUNG | TOPJUMP | ↗

**Wir sind beim letzten der vier Körpersprünge angekommen und damit auch bei der schwierigsten Variante: dem TopJump. In der deutschen Sprache nennen wir den Übergang den Schanzensprung.**

Denn der Rücken des Menschen wird vom Hund wie eine Schanze benutzt. Für diese Übung brauchen beide Teampartner ein gutes Gleichgewicht, Vertrauen und möglicherweise auch einen entsprechenden Körperschutz, denn die Krallen des Hundes sollten nicht unterschätzt werden. Um sich optimal zu schützen, eignen sich spezielle, kratzfeste Westen, die man im Hundesportgeschäft kaufen kann. Für das Training an sich reicht meistens eine alte Winterjacke oder ein besonders dicker Pullover aus. Später im Parcours sieht der TopJump spektakulär aus – doch er ist, genauso wie der Bounce, nicht für jedes Team geeignet.

Aktionen | Von **Schwarz** über den TopJump zu **Orange** = A | B ↗ o

Aktionen | Von **Weiß** über den TopJump zu **Grün** = A | W ↗ g

**VARIANTEN AUF SCHWARZ**
A|B ↗ g
A|B ↗ o

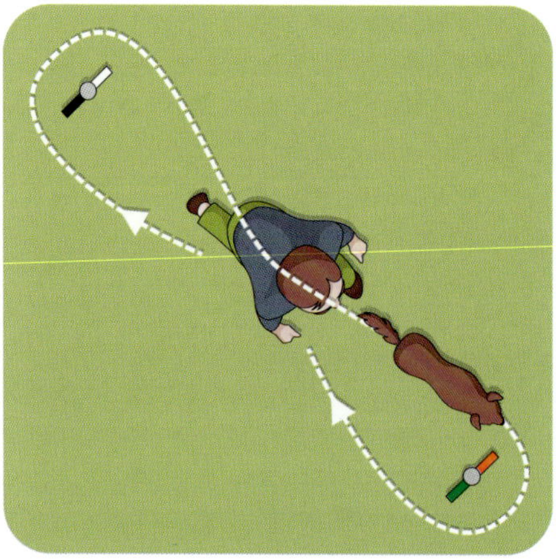

*In dieser Grafik ist der TopJump auf Schwarz abgebildet.*

Ob der TopJump gelernt werden sollte oder nicht, hängt zum einen vom Verhältnis des Körpergewichts zwischen Hund und Halter ab, aber natürlich auch von der Agilität beider. Denn hier wird nicht nur vom Hund einiges abverlangt, auch der Curver muss schnell in die richtige Position finden und die Balance halten können. Sprungfreudige Hunde dürfen den TopJump auch ausführen, ohne den Rücken ihres Menschen dabei zu touchieren.

**Spezifische Regel: TopJump**
Der Hund muss über den Curver springen, dabei ist eine Berührung erlaubt.

*Auch bei dieser Übung ist das Training mit einer Hilfsperson deutlich leichter.*

## AUF DEM RÜCKEN BALANCIEREN

Das Erste, was der Hund lernen muss, ist, sich mit allen vier Pfoten auf seinen Menschen zu stellen. Das kostet einige Hunde Überwindung, weil sie gelernt haben, vorsichtig mit ihrer Bezugsperson umzugehen und nicht einfach über einen Menschen zu stolpern. Vielleicht muss der ein oder andere lachen, weil sein Hund eher grobmotorisch veranlagt ist. Das ist bei dieser Übung sicherlich von Vorteil, auch wenn es einem manch einen blauen Fleck beschert. Diese Übung lässt sich am besten zu zweit trainieren. Wenn der Nachbar noch mal Zeit und Lust aufs Training hat, statten wir ihn mit einer Handvoll Leckerchen aus. Der Curver legt sich, ebenfalls mit Futter bewaffnet, flach auf eine Sportmatte oder auf weichen Rasen. Die Hilfsperson zieht den Hund nacheinander mit allen vier Pfoten auf den Rücken seines Menschen. Damit das funktioniert, sollte der Hund von hinten über den unteren Rücken geführt werden. Da sich manche Hunde kaum dazu überwinden können und über ihren Menschen hinwegspringen, kann es sinnvoll sein, jede einzelne Pfote zu bestätigen und den Hund somit Stück für Stück zu ermutigen. Dabei ist es nicht schlimm, wenn er seine Pfote unmittelbar nach der Belohnung wieder auf dem Boden absetzt. Hauptsache er erfährt, dass seine Pfote auf dem Rücken seiner Bezugsperson gewünscht ist und bestätigt wird. Je öfter Hunde diese Erfahrung machen, desto mutiger greifen sie bei den Wiederholungen auf das bereits Gelernte zurück und schaffen es, ihre Hemmung zu überwinden. Auf dem Rücken angekommen wird nun der Curver aktiv und belohnt den Hund über seine Schulter hinweg. Das darf gern abwechselnd mal von links, mal von rechts geschehen, damit sich der Hund an beide Seiten gewöhnen kann. Erst wenn das Aufsteigen ohne zu zögern klappt, geht es weiter zum nächsten Schritt.

## DER VIERFÜSSLERSTAND

Nun wird die Höhe verändert, denn im Curvingparcours hat der Mensch keine Zeit, um sich flach auf den Boden zu legen.

*Nun springt der Hund schon auf den Rücken.*

Zudem soll der Hund den Rücken wie eine Art Schanze nutzen, was im flachen Zustand nicht gut funktioniert. Deshalb begibt sich der Curver nun in den Vierfüßlerstand und die Hilfsperson wiederholt die Übung unter den veränderten Bedingungen. Oft kommt jetzt das Thema Gleichgewicht ins Spiel. Viele Hunde zittern in der Hinterhand, denn sie versuchen, die Bewegungen des Curvers und die Unebenheiten des Rückens auszugleichen, was ihnen sichtlich schwerfällt. Deswegen sollte der Stand auf dem Rücken oft wiederholt werden, um dem Hund eine gewisse Sicherheit zu geben. Dadurch wird später auch der Sprung stabil und selbstbewusst durchgeführt. Der Curver belohnt nun wieder auf beiden Seiten über die Schulter hinweg. Es ist nicht dramatisch, wenn der Hund sich in diesem Schritt auf den Rücken legt, weil es sich für ihn sicherer anfühlt. Dies wird er in der Bewegung automatisch lassen.

## DER FREIE TOPJUMP

Nun ist es an der Zeit, sich langsam von der Hilfsperson zu trennen und den Hund auf unser Signal hin auf den Rücken springen zu lassen. Dafür bleibt der Nachbar noch zur Unterstützung da und hilft nach, wenn der Hund die Signale seines Besitzers nicht gleich versteht. Der Hund wird hinter seinem Menschen abgesetzt, und die Hand zeigt ihm über die Schulter hinweg, dass er auf den Rücken springen soll. Es ist die gleiche Hand, die den Hund im Anschluss belohnt. Schafft der Hund es auch nach einigen Versuchen nicht, ohne Hilfsperson auf den Rücken zu springen, sollten Schritt eins und zwei intensiv wiederholt werden. Zudem gibt es einen weiteren Belohnungspunkt an der imaginären Zielstange. Diese steht im Parcours relativ frontal vor dem Curver, da der TopJump nur über die beiden Diagonalen gelaufen werden kann. Diese Regel besteht unter anderem, damit der Curver sich nicht seitlich zum Hund dreht, um das Hindernis zu verkleinern.

**Spezifische Regel: TopJump**
Der Mensch muss zur Zielfarbe ausgerichtet sein.

Das Wort „relativ“ habe ich gewählt, weil nun der Napf leicht versetzt auf dem Laufweg positioniert wird, auf dem der Hund später zu den Farben geschickt wird. Dafür hebt der Curver die entsprechende Führhand und zeigt dem Hund an, zu welcher Seite er laufen soll. Die Bestätigung auf dem Rücken wird zur Zwischenbelohnung und der Hund wird im Anschluss auf den Napf geschickt. Manche Hunde versuchen, den schnellen Weg außen herum zum Napf zu nehmen und nicht über den Rücken zu springen. Das gilt es, zu verhindern! Wer sich im Vierfüßlerstand wohl fühlt, kann den TopJump fast so im Parcours einsetzen. Statt beider Knie setzt man nur noch ein Knie auf. Diese Variante benötigt allerdings etwas Zeit, denn man muss zügig in diese Position hinein und wieder herauskommen, was gar nicht so leicht ist. Schneller wird man, wenn man mit beiden Beinen auf dem Boden bleibt und sich dabei so klein wie möglich macht. Welche Variante für das jeweilige Mensch-Hund-Team passend ist, muss einfach ausprobiert werden.

## DIE ZIELSTANGE

Der Sprung auf den Rücken ist geschafft, doch um als Übergang bezeichnet werden zu dürfen, brauchen wir noch die beiden Stangen. Wir starten mit der Zielstange, da es schwieriger ist, den Hund nach dem TopJump zur Zielstange zu schicken. Da der Belohnungspunkt schon nach vorn verlagert wurde, richtet sich der Hund direkt nach dem TopJump nach vorn aus. Diese Ausrichtung nutzen wir, indem wir uns sehr nah vor der Zielstange positionieren. Der Hund wartet hinter seinem Menschen, bis dieser ihm das Handzeichen für den TopJump gibt, und wird direkt im Anschluss ohne Zwischenbelohnung weitergeschickt. Es kann durchaus sinnvoll sein, aus der flach liegenden Position oder dem Vierfüßlerstand heraus zu starten, um es sich bei den Wiederholungen etwas bequemer zu machen. Hauptsache, der Hund hat das Bild im Kopf, vom Rücken des Curvers aus zur Stange geschickt zu werden. Die Zwischenbelohnung bleibt aus, um den Hund nun in einen flüssigen Bewegungsablauf zu bringen. Klappt das sicher, geht der Curver in die normale Position über, vergrößert den Abstand zur Zielstange und übt das Weiterschicken auf beiden Seiten gleichermaßen.

## DIE AUSGANGSSTANGE

Das letzte Puzzleteil fehlt noch, um den Übergang zu vollenden. Der Hund wird um die Ausgangsstange geschickt, über den TopJump angenommen und direkt zur Zielstange weitergeleitet. Wurde zuvor alles intensiv trainiert, dürfte das Zusammensetzen der einzelnen Elemente gut funktionieren. Natürlich ist es erlaubt, sich so zur Zielfarbe auszurichten, dass der Hund nicht nur über die Führhand, sondern auch über die Ausrichtung des Körpers erkennt, wie sein weiterer Weg verläuft. Wichtig ist dabei, dass der Hund in gerader Linie über seinen Menschen springt.

**PARCOURS:**
**DER SHELTIE**

SideCross | Rabbit | TopJump
S | B ∍ p – H[y] – B ↗ g
S | W ∍ r – T[b] – g ↗ B

*Keevi schätzt ihren Sprung ein.*

*Bereits meine Ausrichtung zeigt ihr an, …*

*… über welche Seite es weitergeht.*

# ZUM SCHLUSS

Wenn man seinen Hund die Zielstange umrunden sieht, wird einem bewusst, dass man es geschafft hat. Neun Figuren und neun Übergänge wurden über die letzten Wochen hinweg erarbeitet, etliche Parcours gelaufen und womöglich wurde auch die ein oder andere Diskussion dem Hund geführt. Mit dem letzten Parcours beginnt nun der Weg eines vollständig ausgebildeten Curvingteams. Gleichzeitig endet hier dieses Buch. Wer weiß, wohin es einen mit dem neuen Wissen verschlägt: möglicherweise in den eigenen Garten, den nächsten Park, zum Curvingkurs in die Hundeschule oder sogar auf ein Turnier.

Sicherlich ist es nun einige Zeit her, dass die ersten Zeilen gelesen, die Stangen ausgepackt und das Umrunden geübt wurde. Ich bin mir sicher, dass auf dem Weg bis hierhin einiges passiert ist. Gemeinsam mit seinem Hund Sport zu machen, bedeutet viel mehr, als über Hürden zu springen, Leckerchen zu verteilen oder Pokale zu gewinnen. Es bedeutet, an der gemeinsamen Beziehung zu arbeiten, sich eine ganz eigene und gemeinsame Sprache zu schaffen und vor allem: zusammen Spaß zu haben. Ich wünsche mir von Herzen, dass der Wert des gemeinsamen Sports gesehen wird und dieses Buch dazu beitragen kann, Beziehung, Erziehung und Dressur fließend ineinander übergehen zu lassen. Ich wünsche jedem Curvingteam das großartige Gefühl, gemeinsam etwas erreicht zu haben und stolz aufeinander sein zu können!

Dana

# SERVICE

## — *Weitere Infos für euch*

# DAS REGELWERK

## TECHNISCHE REGELN

**Regel 1: Handwork**
Die linke Hand ist für das linksseitige Umrunden zuständig. Die rechte Hand ist für das rechtsseitige Umrunden zuständig.

**Regel 2: Verbal signal**
Akustische Signale sind, mit Ausnahme spezifischer Regeln, nicht erlaubt.

**Regel 3: Guiding zone**
Der Mensch befindet sich mit beiden Füßen immer innerhalb der Führzone.

**Regel 4: Zones**
Beim Around darf der Hund die Linie des äußeren Rechtecks nicht betreten.

**Regel 5: Starting pole**
Der Parcours startet immer mit der Startstange Schwarz/Weiß.

**Regel 6: Handchange**
Ein Handwechsel darf nicht vor dem Curver & zugleich von ihm weg stattfinden.

**Regel 7: Opposite leg**
Bei Übergängen wird immer das vom Hund abgewandte Bein nach vorn gestellt/gearbeitet.

**Regel 8: Don´t bump**
Der Hund darf seine Führperson nicht anrempeln oder maßregeln.

**Regel 9: Don´t touch!**
Der Hund darf während des Laufs nicht mit den Händen berührt werden. Der Hund darf nicht taktil geführt werden.

**Regel 10: Happy end**
Der Parcours ist beendet, wenn der Hund mit einer Pfote in der Führzone angekommen ist.

**Hurdles**
Der Hund darf die Stangen der Hürden nicht herunterwerfen. Die beiden Sprunghürden werden immer zusammengearbeitet. Der Hund darf nach den Hürden nicht auf eine benachbarte Stange geschickt werden.

**Tunnel**
Im Tunnel darf keine Wendung stattfinden. Der Hund darf nach dem Tunnel nicht auf eine benachbarte Stange geschickt werden.

## DISQUALIFIZIERUNG

**Regel 1: Defile**
Verunreinigen des Curvingfeldes/der Geräte.

**Regel 2: Gross missbehavior**
Unangemessen starker Druck, sowohl physisch als auch psychisch. Verletzung oder Gefährdung der Gesundheit.

**Regel 3: Guiding Zone**
Übertreten der Linie mit dem ganzen Fuß.

## STILNOTE

**Regel 1: Best route**
Der Hund nimmt, angepasst an seinen Typ und seine Geschwindigkeit, die kürzeste Strecke für den Parcours.

**Regel 2: Walking style**
Der Hund läuft den Parcours in ein und derselben Gangart, ausgenommen Schritt, Tempowechsel führen zum Punktabzug.

**Regel 3: Smooth moves**
Harmonischer Bewegungsablauf in Kombination Hund und Halter.

**Regel 4: Silence**
Je leiser der Hund während der Arbeit ist, desto höher die Punktzahl. Und je leiser der Mensch, desto höher die Punktzahl.

**Regel 5: Team-Work**
Ausstrahlung Mensch, Motivation Hund Zusammenarbeit als Team.

**Regel 6: Interim Reward**
Das Zwischenbelohnen ist in den Starterklassen erlaubt. Das Futter darf keinen Kontakt zum Boden haben. In den Leistungsklassen ist die Zwischenbelohnung nicht mehr erlaubt.

## SPEZIFISCHE REGELN DER FIGUREN

**InnerEight**
Der Hund darf im Übergang von der ersten zur zweiten Stange nicht in die Führzone kommen.

**Diagonal**
Der Hund muss beim Übergang von der 1. zur 2. Stange in die Führzone kommen.

**Line**
Der Hund darf während der Line nicht in das innere Rechteck laufen. Der Hund sollte möglichst parallel zur Linie des inneren Rechtecks laufen. Ein akustisches Signal gibt keine Abzüge.

**DiagonalCrossing**
Der Curver muss in der Drehung vor der Annahme des Hundes im Blickkontakt bleiben. Der Hund muss beim Übergang von der ersten zur zweiten Stange in die Führzone kommen.

**OuterEight**
Der Hund darf im Übergang von der ersten zur zweiten Stange nicht in die Führzone kommen.

**Twist**
Der Twist wird nur mit der Führhand geführt. Ein Twist auf dieselbe Stange zweimal hintereinander ist nicht erlaubt. Der Hund sollte den Twist, angepasst an seine individuelle Körperform, so eng wie möglich laufen. Ein akustisches Signal gibt keine Abzüge.

**InnerLine**
Der Hund sollte möglichst parallel zur Linie des inneren Rechtecks laufen.
Der Hund darf zwischen Ausgangs- und Zielstange nicht in die Führzone laufen.
Ein akustisches Signal gibt keine Abzüge.

**SpinningTop**
Der Spinning Top wird mit nur einer Hand geführt. Ein akustisches Signal gibt keine Abzüge. Der Hund darf zwischen Stange und Gerät nicht in die Führzone laufen.

**Rabbit**
Der Hund darf nach der ersten Farbaktion nicht mehr in das innere Rechteck kommen. Ein akustisches Signal gibt keine Abzüge.

## SPEZIFISCHE REGELN DER ÜBERGÄNGE

**Around**

**Back**

**Loop**

**Die drei Varianten des Cross**
**FrontCross** Die Ausgangsstange ist ebenfalls die Zielstange. Der Curver steht während der Annahme breitbeinig und frontal zur Stange ausgerichtet.
**SideCross** Die Ausgangsstange ist mit der Zielstange benachbart.
**Cross** Die Ausgangsstange und die Zielstange liegen sich gegenüber. Der Curver steht während der Annahme in breitbeiniger Position frontal zur Zielstange.

**Jump**
Der Hund muss mit allen vier Pfoten über das Bein springen. Das Bein muss nach vorn gestreckt sein und der Fuß des gestreckten

Beines darf den Boden nicht berühren. Der Hund darf das Bein während des Sprungs nicht berühren.

**BackJump**
Der Hund muss mit allen vier Pfoten über das Bein springen. Das Bein darf gestreckt sein oder abgeknickt werden. Der Fuß des gestreckten Beines darf den Boden nicht berühren. Der Hund darf das Bein während des Sprungs nicht berühren.

**DriveIn**
Der DriveIn ist als Abschluss möglich. Er ist nur auf dieselbe Stange oder dasselbe Gerät möglich.

**Wave**
Die Wave muss von beiden Seiten aus beherrscht werden. Der Hund darf nicht auf der Seite rauskommen, auf der er angenommen wurde.

**Bounce**
Der Mensch muss mit mindestens einem Vorder- und einem Hinterlauf berührt werden.

**TopJump**
**Mit Berührung** Der Hund muss über den Menschen springen, dabei ist eine Berührung erlaubt. Der Mensch muss zur Zielfarbe ausgerichtet sein.
**Ohne Berührung** Der Hund muss mit mindestens einem Vorder- und einem Hinterlauf über den Curver springen.

# DIE PARCOURS

Dich hat das Curving-Fieber gepackt? Damit du auf dem Platz alle im Buch genannten Parcours zur Hand hast, findest du sie kostenlos in dieser App. Zudem bekommst du 10 passende Bonus-Videos als Anregung.

**So einfach geht's:**

1. **QR-Code scannen** oder Link eingeben
2. **Erhalte Zugriff** auf deinen persönlichen Mitgliederbereich
3. Schau dir ganz bequem deine **Bonus-Inhalte** im Web oder in der mobilen App an

https://doguniversity.de/buch-curving-parcours

# ZUM STÖBERN

## RUND UM DAS THEMA CURVING

Hier findest du viele nützliche und interessante Informationen rund um den Sport Curving. Viel Spaß beim Stöbern!

Auf unserer Internetseite **www.curving.de**
- findest du das **PDF zu allen Parcours**,
- kannst du dir das **aktuelle Regelwerk** downloaden,
- kannst du weitere **Curvingprodukte erwerben**, beispielsweise
  - Das Curvingstangenset
  - Den Curving-Onlinekurs,
- findest du **zertifizierte Hundeschulen** in deiner Nähe, die Curving offiziell anbieten,
- kannst du dich über die **Ausbildung zum zertifizierten Curvingtrainer** informieren und anmelden,
- erhältst du **Eindrücke über unsere Arbeit** und davon, wie sich Curving in die Herzen der Hunde und ihrer Besitzer schleicht,
- bist du herzlich eingeladen, uns an **info@curving.de** zu schreiben, wenn du Fragen an uns hast,
- hast du die Möglichkeit, dich für unseren **Newsletter einzutragen**, um keinerlei Informationen zu verpassen.

## ZUM WEITERLESEN

Joeres, Daniel: **Artgerechte Hundeerziehung.** Mit klarer Kommunikation zu einer unsichtbaren Leine aus Vertrauen, Harmonie und Verständnis. Arkana 2024

Grote, Maren: **Hunde lesen lernen.** Hundeverhalten praxisnah erklärt. Kosmos 2022

Krämer, Eva-Maria: **Der KOSMOS-Hundeführer.** Alle weltweit anerkannten Hunderassen. Kosmos 2024

## SOCIAL MEDIA

Ihr möchtet wissen, was los ist? InstaLives, Storys, Webinarankündigungen, Zitate, Buchclips, Gewinnspiele, Take over unserer Autor:innen und vieles mehr findet ihr unter **instagram.com/kosmos.hund** und **facebook.com/Kosmos.Hund**
Folgt uns und werdet Teil unserer Kosmos-Hund-Community.

*Meine erste Hündin Jolina*

# Der passende Online-kurs zum Buch

Jeder lernt anders – aus diesem Grund hast du die Möglichkeit, Curving sowohl in Buchform, als Online-Kurs oder in einer Hundeschule kennenzulernen.

Im Onlinekurs lernst du in über 50 Lektionen, wie du deinem Hund Schritt für Schritt das Curven beibringst. Angefangen beim einfachen Umrunden eines Gegenstandes bis hin zum meistern eines gesamten Parcours.

Grafiken und Videoaufnahmen veranschaulichen die Curvingtheorie gut verständlich und verschaffen einen optimalen Überblick über den Sport. Tauche in das authentische Training mit vielen verschiedenen Hunderassen und -charakteren ein und werdet gemeinsam ein großartiges Curvingteam!

**Dafür benötigst du noch das passende Curving-Stangen-Set?**

Kein Problem! Den Onlinekurs und das Original Curving-Stangen-Set kannst du einzeln oder direkt als praktisches Bundle erhalten.

**QR-CODE scannen für sofortigen Zugang**

*„Fehler sind das Tor zu neuen Entdeckungen."*
*James Joyce*

## DIE AUTORIN

Mein Name ist Dana Thimel und ich wohne mit meinen beiden Hunden, der belgischen Schäferhündin Ava und der Chihuahuahündin Keeva, im bergischen Land. Mit 16 Jahren zog mein erster Hund bei mir ein – zusammen mit einem großen Koffer voller Verantwortung, denn ich kümmerte mich allein um die weiße Schäferhündin Jolina. Meine Eltern gingen damals das Risiko ein, fest daran zu glauben, mein Hundewunsch sei nicht nur eine kurzzeitige Phase und sie sollten Recht behalten. Seither dreht sich mein Leben rund um das Thema Hund und ich bin sehr glücklich darüber, es entsprechend gestalten zu dürfen.

Meine Ausbildung zur Arbeit mit Hunden absolvierte ich an verschiedenen Ausbildungsstätten, wie der ATN (Akademie für angewandte Tierpsychologie und Tierverhaltenstraining), der IHK (Zertifikat „Hundeerzieher/-in und Verhaltensberater/-in (IHK)" ) und Dogument. Doch mein Weg ist an dieser Stelle noch lange nicht beendet, denn ich habe nach wie vor große Freude daran, tiefer in das Thema Hunde einzutauchen, mich mit Gleichgesinnten auszutauschen und dazuzulernen. Ich arbeitete sieben Jahre lang bei André Vogt – in dieser Zeit entwickelte ich unter anderem die Sportart Curving und unterrichtete viele Kurse dazu. Doch auch die Welpengruppen gehören zu meiner großen Leidenschaft und so bekam ich die Möglichkeit, gemeinsam mit André die ersten drei Staffeln „Der Welpentrainer" zu drehen. Danach führte mich mein Weg zu Daniel Joeres in die Doguniversity, in der ich bis heute arbeite und vor allem digitalen Content rund um das Thema Hund produziere.

Ich möchte durch meine Arbeit Mensch-Hund-Teams näher zusammenzubringen – durch eine klare Kommunikationsbasis, das Erkennen individueller Bedürfnisse und das Festigen wichtiger Beziehungsstrukturen. Denn die Verbindung zu unseren Hunden kann so tief und innig sein, dass jeder Schritt dahin es wert ist.

*Dana Thimel mit ihren beiden Hunden Ava und Keeva.*

## DANKE

Als junges Mädchen wünschte ich mir nichts sehnlicher, als gemeinsam mit einem Hund durch das Leben zu gehen. Meine Eltern hätten mir diesen Wunsch gern erfüllt, doch die berufliche Situation ließ es nicht zu. Während eines Ausflugs in die Stadt lief ein Berner Sennenhund-Welpe an uns vorbei und der etwa 10-jährigen Dana kamen die Tränen. Daraufhin lief mein Vater in die nahe gelegene Buchhandlung und kaufte mir den Kosmos Hundeführer. Mein erstes und bis heute liebstes Hundebuch! Heute kann ich nicht glücklicher sein, mein eigenes Kosmos-Hundebuch in den Händen zu halten und möchte danke sagen!
Danke an meine Eltern, die mir meinen größten Wunsch erfüllt haben, als es die Umstände zuließen. Ihr habt niemals daran gezweifelt, dass dieser Weg der richtige für mich ist, auch wenn er oft holprig und ungewiss war. Ich danke euch für meine wunderbare Hündin Jolina, mit der ich in die Hundewelt eintauchen durfte. Curving habe ich nicht allein auf die Beine gestellt und ich möchte all den Menschen danken, die so viel Zeit, wunderbare Ideen und hilfreiche Kritik in das Projekt einfließen ließen! Stundenlang wurden die Köpfe zusammengesteckt, gegrübelt, gelacht und alles wieder umgeworfen. Ich habe diese gemeinsame Zeit mit euch allen sehr genossen und empfinde unheimlich große Dankbarkeit für eure Leidenschaft in Bezug auf den Sport Curving!
Danke auch an all die tapferen Fotomodels, die sich vor Annas und meine Kamera getraut haben, um dieses Buch perfekt zu machen. Durch euch wurde das Buch nochmal intensiv mit Leben gefüllt.
Zum Schluss möchte ich meinen Hunden danken, die meine besten Lehrmeister sind und mich immer wieder daran erinnern, mit allen Sinnen offen und wach zu bleiben.

**Eure Dana**

# REGISTER